영역별 반복집중학습 프로그램 기탄영역별수학

자료와 가능성편

수학과 교육과정에서 초등학교 수학 내용은 '수와 연산', '도형', '측정', '규칙성', '자료와 가능성'의 5개 영역으로 구성되는데, 우리가 이 교재에서 다룰 영역은 '자료와 가능성'입니다. 이 영역은 원래 '확률과 통계'에서 초등 과정에서 다루는 기초 개념에 초점을 맞추어 '자료와 가능성'으로 영역명이 변경되었습니다.

'똑같은 물건인데 나란히 붙어 있는 두 가게 중 한 집에선 1000원에 팔고 다른 한 집에선 800원에 팔 때 어디에서 사는 게 좋을까?'의 문제처럼 예측되는 결과가 명확한 경우에는 전혀 필요 없지만, 요즘과 같은 정보의 홍수 속에 필요한 정보를 선택하거나 그 정보를 토대로 책임있는 판단을 해야할 때 그 판단의 근거가 될 가능성에 대하여 생각하지 않을 수가 없습니다.

즉, 자료와 가능성은 우리가 어떤 불확실한 상황에서 합리적 판단을 할 수 있는 매우 유용한 근거가 됩니다.

따라서 이 '자료와 가능성' 영역을 통해 초등 과정에서는 실생활에서 통계가 활용되는 상황을 알아보고, 목적에 따라 자료를 수집하고, 수집된 자료를 분류하고 정리하여 표로 나타내고, 그 자료의 특성을 잘 나타내는 그래프로 표현하고 해석하는 일련의 과정을 경험하게 하는 것이 매우 중요합니다. 또한 비율이나 평균 등에 의해 집단의 특성을 수로 표현하고, 이것을 해석하며 이용할 수 있는 지식과 능력을 기르도록 하는 것이 필요합니다.

1 일상생활에서 앞으로 접하게 될 수많은 통계적 해석에 대비하여 올바른 자료의 분류 및 정리 방법(표와 각종 그래프)을 집중 연습할 수 있습니다.

우리는 생활 주변에서 텔레비전이나 신문, 인터넷 자료를 볼 때마다 다양한 통계 정보를 접하게 됩니다. 이런 통계 정보는 다음과 같은 통계의 과정을 거쳐서 주어집니다.

초등수학에서는 위의 '분류 및 정리'와 '해석' 단계에서 가장 많이 접하게 되는 표와 여러 가지 그래프 중심으로 통계 영역을 다루게 되는데 목적에 따라 각각의 특성에 맞는 정리 방법이 필요합니다. 가령 양의 크기를 비교할 때는 그림그래프나 막대그래프, 양의 변화를 나타낼 때는 꺾은선그래프, 전체에 대한 각 부분의 비율을 나타낼 때는 띠그래프나 원그래프로 나타내는 것이 해석하고 판단하기에 유용합니다.
이렇게 목적에 맞게 자료를 정리하는 것이 하루아침에 되는 것은 아니지요.
기탄영역별수학-자료와 가능성편으로 다양한 상황에 맞게 수많은 자료를 분류하고 정리해 보는 연습을 통해 내가 막연하게 알고 있던 통계적 개념들을 온전하게 나의 것으로 만들 수 있습니다.

2 일상생활에서 앞으로 일어날 수많은 선택의 상황에서 합리적 판단을 할 수 있는 근거가 되어 줄 가능성(확률)에 대한 이해의 폭이 넓어집니다.

확률(사건이 일어날 가능성)은 일기예보로 내일의 강수확률을 확인하고 우산을 챙기는 등 우연한 현상의 결과인 여러 가지 사건이 일어날 것으로 기대되는 정도를 수량화한 것을 말합니다. 확률의 중요하고 기본적인 기능은 이러한 유용성에 있습니다.
결과가 불확실한 상태에서 '어떤 선택이 좀 더 나에게 유용하고 합리적인 선택일까?' 또는 '잘못된 선택이 될 가능성이 가장 적은 것이 어떤 선택일까?'를 판단할 중요한 근거가 필요한데 그 근거가 되어줄 사고가 바로 확률(가능성)을 따져보는 일입니다.
기탄영역별수학-자료와 가능성편을 통해 합리적 판단의 확률적 근거를 세워가는 중요한 토대를 튼튼하게 다져 보세요.

이 책의 구성

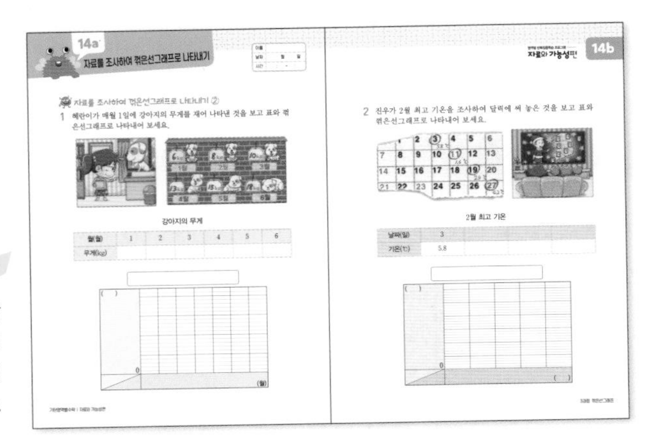

본 학습

제목을 통해 이번 차시에서 학습해야 할 내용이 무엇인지 짚어 보고, 그것을 익히기 위한 최적화된 연습문제를 반복해서 집중적으로 풀어 볼 수 있습니다.

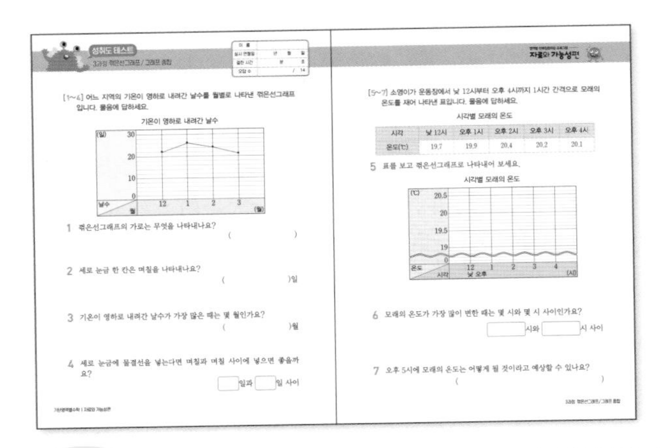

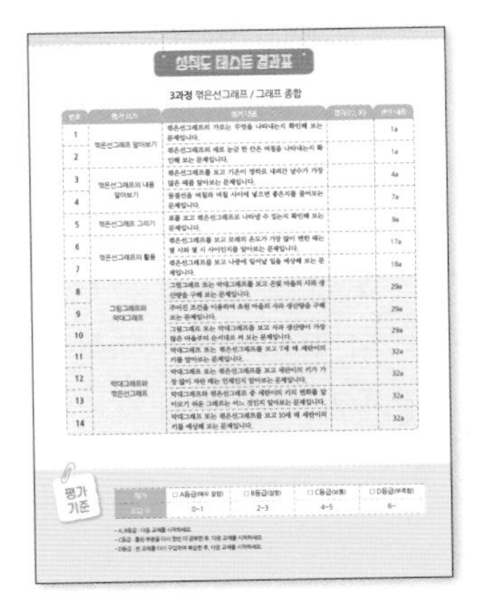

성취도 테스트

성취도 테스트는 본문에서 집중 연습한 내용을 최종적으로 한번 더 확인해 보는 문제들로 구성되어 있습니다. 성취도 테스트를 풀어 본 후, 결과표에 내가 맞은 문제인지 틀린 문제인지 체크를 해가며 각각의 문항을 통해 성취해야 할 학습목표와 학습내용을 짚어 보고, 성취된 부분과 부족한 부분이 무엇인지 확인합니다.

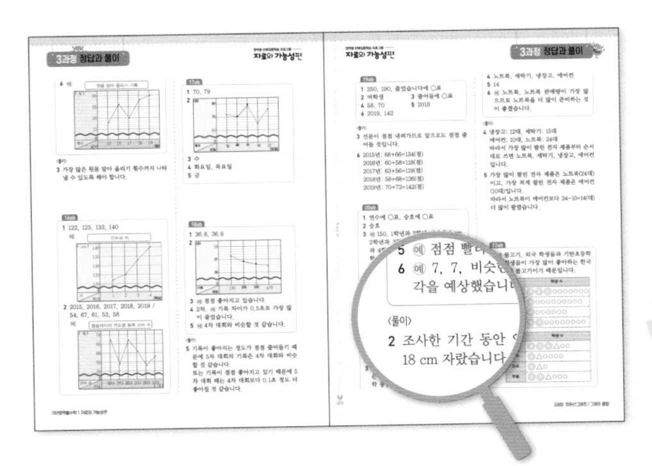

정답과 풀이

차시별 정답 확인 후 제시된 풀이를 통해 올바른 문제 풀이 방법을 확인합니다.

기탄영역별수학
자료와 가능성편

3과정
꺾은선그래프 / 그래프 종합

차례

꺾은선 그래프

그래프 종합

꺾은선그래프 알아보기

이름	
날짜	월 일
시간	: ~ :

꺾은선그래프 알기 ①

● 어느 지역의 연도별 눈이 온 날수를 조사하여 나타낸 그래프입니다. 물음에 답하세요.

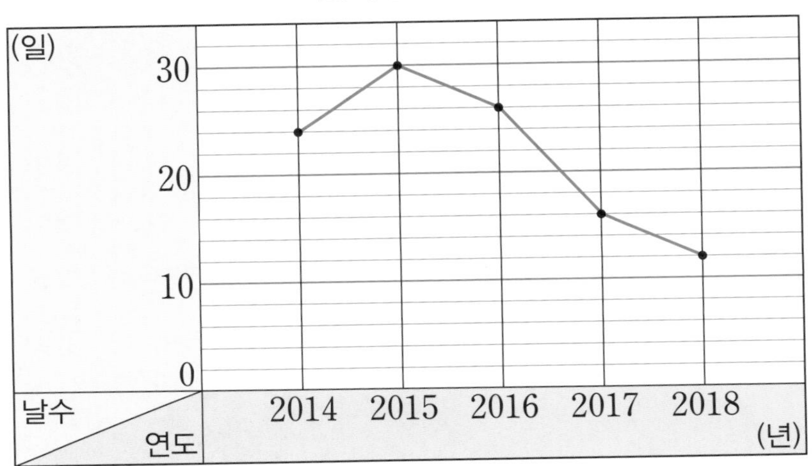

1 알맞은 말에 ○표 하세요.

수량을 점으로 표시하고, 그 점들을 선분으로 이어 그린 그래프를 (그림그래프 , 막대그래프 , 꺾은선그래프)라고 합니다.

수량을 점으로 표시하고, 그 점들을 선분으로 이어 그린 그래프를 꺾은선그래프라고 합니다.

2 위 그래프의 가로와 세로는 각각 무엇을 나타내나요?

가로 ( ), 세로 ( )

3 세로 눈금 한 칸은 며칠을 나타내나요?

( )일

● 지아의 나이별 몸무게를 조사하여 나타낸 그래프입니다. 물음에 답하세요.

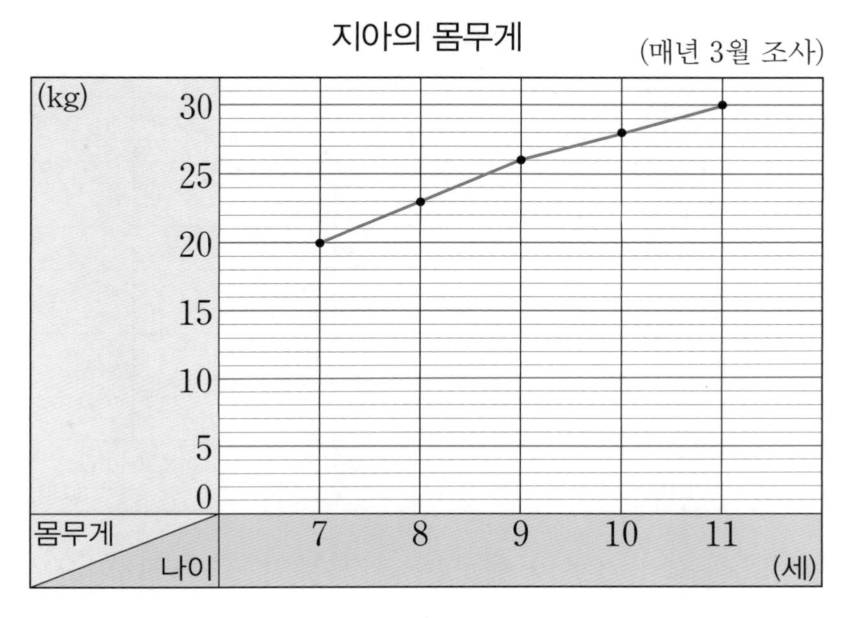

4 위와 같이 수량을 점으로 표시하고, 그 점들을 선분으로 이어 그린 그래프를 무엇이라고 하나요?

( )

5 위 그래프의 가로와 세로는 각각 무엇을 나타내나요?

가로 ( ), 세로 ( )

6 세로 눈금 한 칸은 몇 kg을 나타내나요?

( ) kg

꺾은선그래프 알아보기

이름	
날짜	월 일
시간	: ~ :

꺾은선그래프 알기 ②

● 성훈이의 나이별 키를 조사하여 나타낸 꺾은선그래프입니다. 물음에 답하세요.

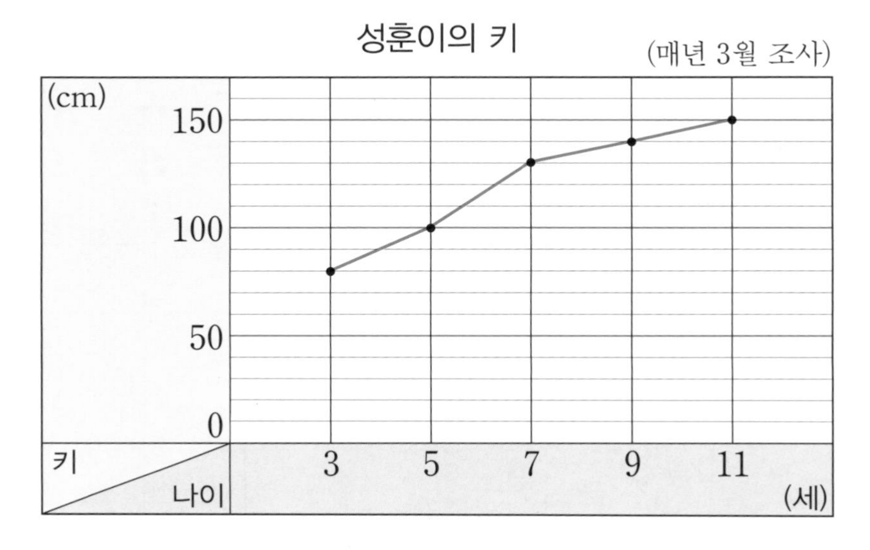

1 위 꺾은선그래프의 가로와 세로는 각각 무엇을 나타내나요?

가로 (   ), 세로 (   )

2 세로 눈금 한 칸은 몇 cm를 나타내나요?

(   ) cm

3 알맞은 말에 ○표 하세요.

꺾은선은 (키 , 나이)의 변화를 나타냅니다.

● 어느 지역의 월별 평균 기온을 조사하여 나타낸 꺾은선그래프입니다. 물음에 답하세요.

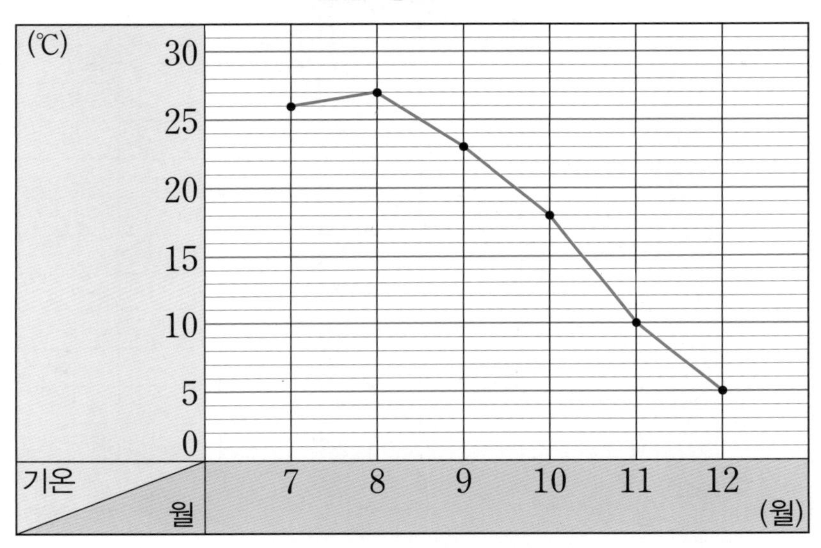

4 위 꺾은선그래프의 가로와 세로는 각각 무엇을 나타내나요?

가로 (　　　　　　　　　), 세로 (　　　　　　　　　)

5 세로 눈금 한 칸은 몇 ℃를 나타내나요?

(　　　　　　　　　)℃

6 꺾은선은 무엇을 나타내는지 □ 안에 알맞은 말을 써넣으세요.

□의 변화

꺾은선그래프 알아보기

이름	
날짜	월 일
시간	: ~ :

꺾은선그래프 알기 ③

● 어느 지역의 월별 강수량을 조사하여 나타낸 꺾은선그래프입니다. 물음에 답하세요.

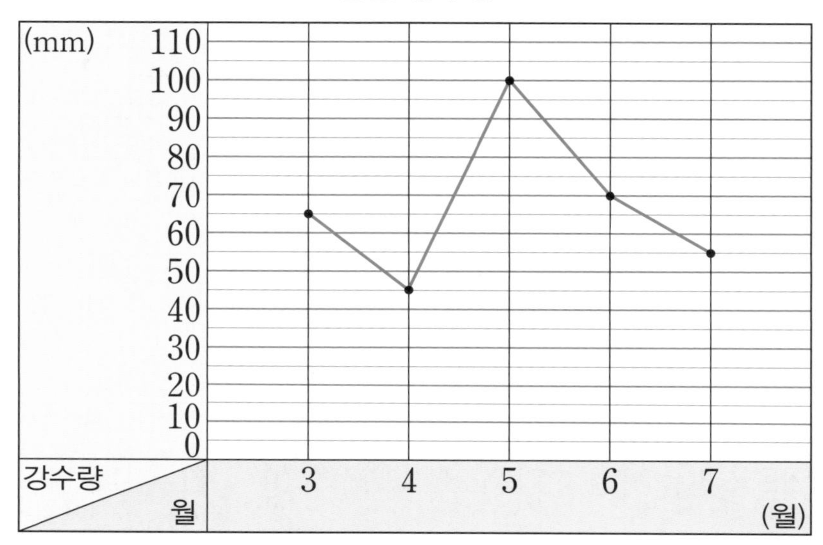

1 위 꺾은선그래프의 가로와 세로는 각각 무엇을 나타내나요?

가로 ( ), 세로 ( )

2 세로 눈금 한 칸은 몇 mm를 나타내나요?

( ) mm

3 꺾은선은 무엇을 나타내나요?

( )

● 어느 가게의 월별 음료수 판매량을 조사하여 나타낸 꺾은선그래프입니다. 물음에 답하세요.

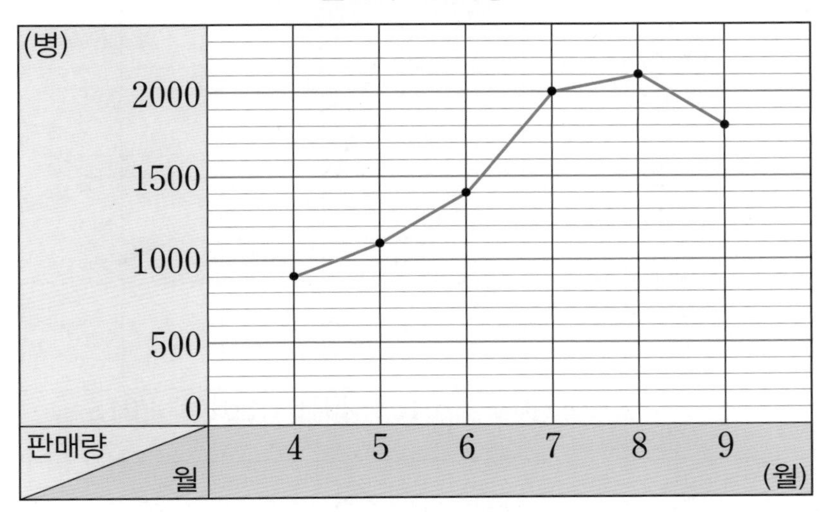

4 위 꺾은선그래프의 가로와 세로는 각각 무엇을 나타내나요?

가로 ( ), 세로 ( )

5 세로 눈금 한 칸은 몇 병을 나타내나요?

( )병

6 꺾은선은 무엇을 나타내나요?

( )

4a

꺾은선그래프의 내용 알아보기

이름	
날짜	월 일
시간	: ~ :

꺾은선그래프의 내용 알기 ①

● 어느 지역의 연도별 눈이 온 날수를 조사하여 나타낸 꺾은선그래프입니다. 물음에 답하세요.

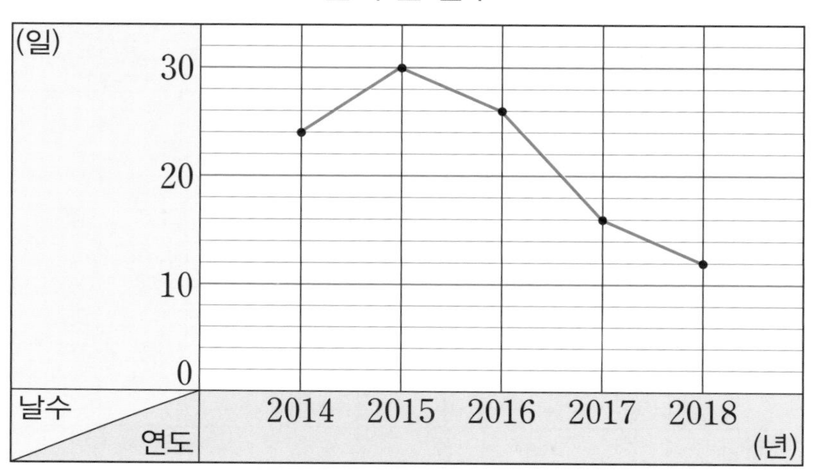

1 2014년에 눈이 온 날수는 며칠인가요?

( )일

2 눈이 온 날수가 30일인 때는 몇 년인가요?

( )년

3 2018년은 2017년보다 눈이 온 날수가 며칠 더 줄었나요?

( )일

● 지아의 나이별 몸무게를 조사하여 나타낸 꺾은선그래프입니다. 물음에 답하세요.

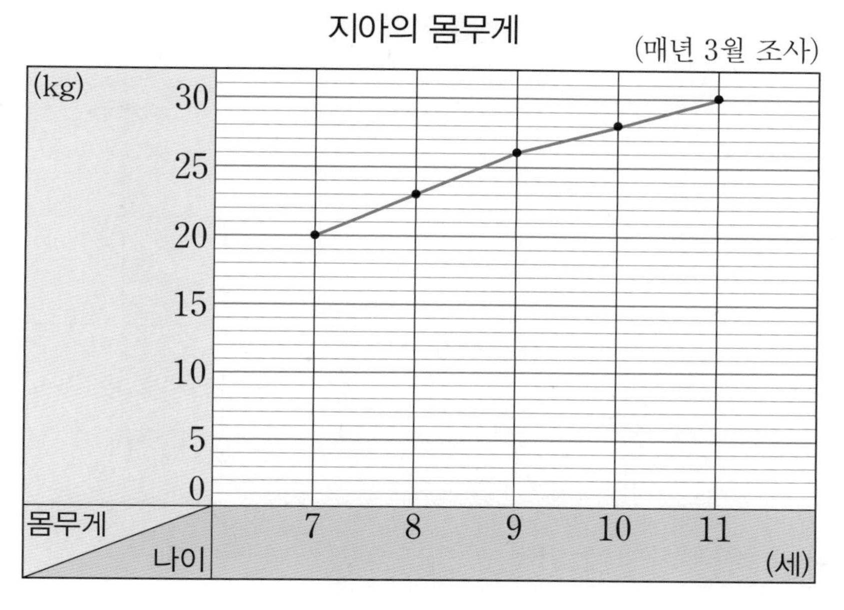

4 7세 때 지아의 몸무게는 몇 kg인가요?

( ) kg

5 지아의 몸무게가 26 kg인 때는 몇 세인가요?

( )세

6 11세는 10세보다 몸무게가 몇 kg 더 늘었나요?

( ) kg

5a

꺾은선그래프의 내용 알아보기

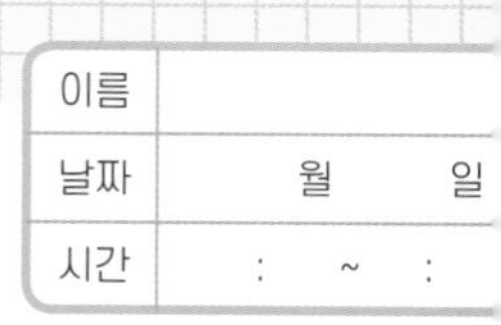

꺾은선그래프의 내용 알기 ②

● 성훈이의 나이별 키를 조사하여 나타낸 꺾은선그래프입니다. 물음에 답하세요.

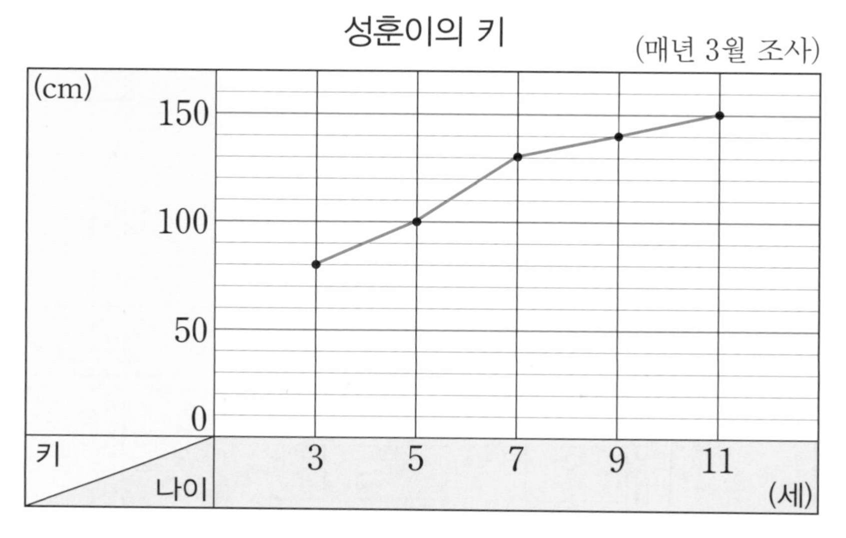

1 성훈이의 키는 어떻게 변하고 있나요?

( )

2 선분이 가장 많이 기울어진 부분은 몇 세와 몇 세 사이인가요?

☐ 세와 ☐ 세 사이

3 성훈이의 키가 가장 많이 자란 때는 몇 세와 몇 세 사이인가요?

☐ 세와 ☐ 세 사이

● 어느 지역의 월별 평균 기온을 조사하여 나타낸 꺾은선그래프입니다. 물음에 답하세요.

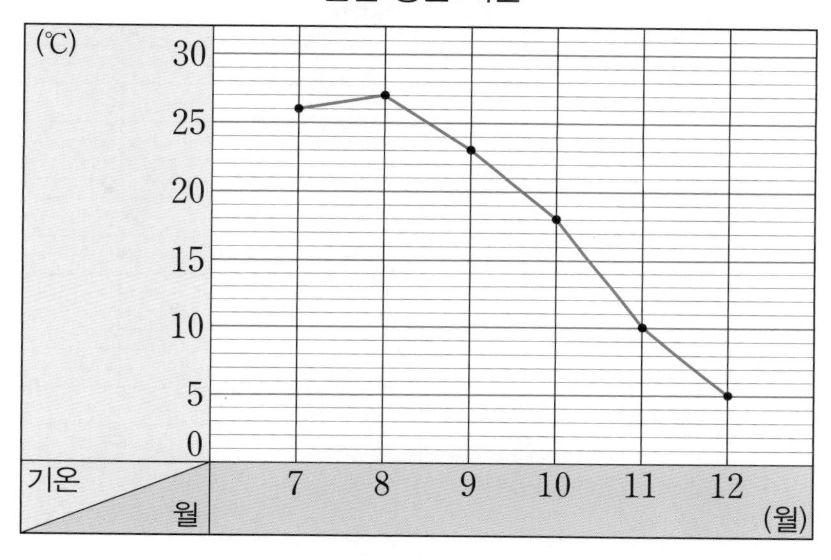

4 10월은 9월보다 평균 기온이 몇 ℃ 더 낮나요?

( )℃

5 평균 기온이 가장 많이 변한 때는 몇 월과 몇 월 사이인가요?

☐월과 ☐월 사이

6 평균 기온이 가장 적게 변한 때는 몇 월과 몇 월 사이인가요?

☐월과 ☐월 사이

꺾은선그래프의 내용 알아보기

이름	
날짜	월 일
시간	: ~ :

꺾은선그래프의 내용 알기 ③

- 어느 지역의 월별 강수량을 조사하여 나타낸 꺾은선그래프입니다. 물음에 답하세요.

월별 강수량

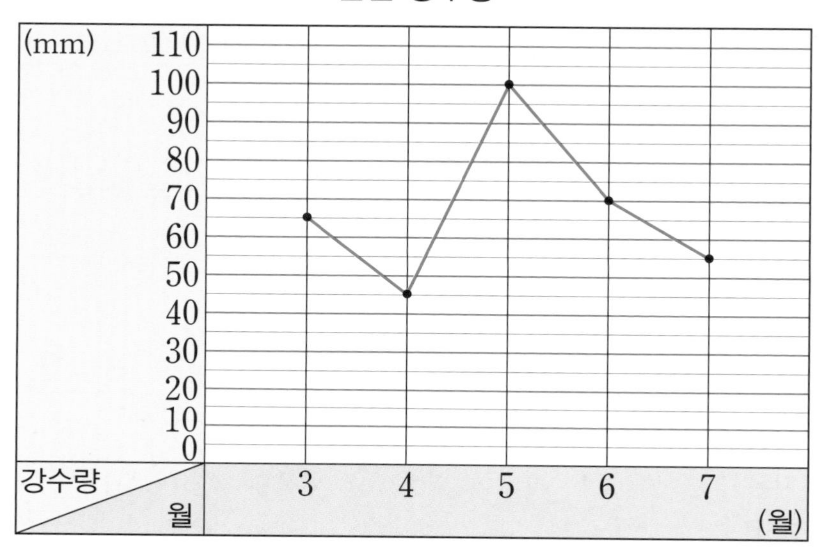

1 강수량이 가장 적은 때는 몇 월인가요?

( )월

2 전달과 비교하여 강수량이 늘어난 때는 몇 월인가요?

( )월

3 전달과 비교하여 강수량이 가장 많이 줄어든 때는 몇 월인가요?

( )월

● 어느 가게의 월별 음료수 판매량을 조사하여 나타낸 꺾은선그래프입니다. 물음에 답하세요.

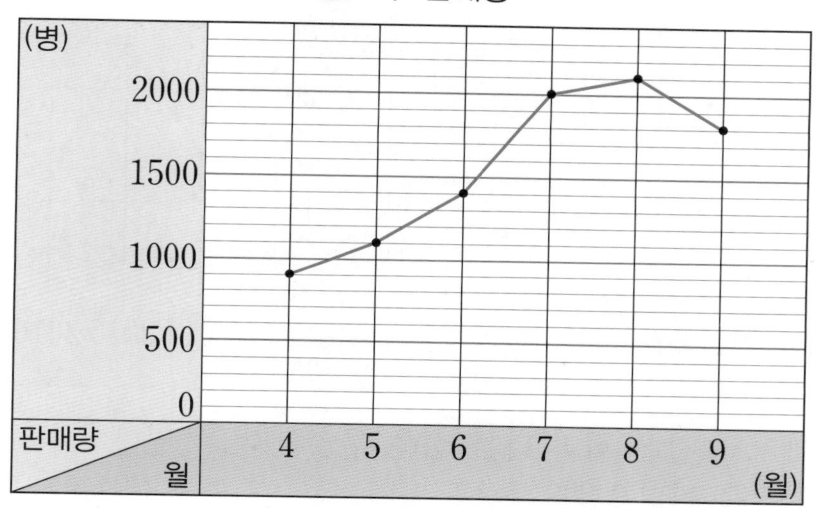

4 음료수 판매량이 가장 많은 때는 몇 월인가요?

( )월

5 전달과 비교하여 음료수 판매량이 줄어든 때는 몇 월인가요?

( )월

6 전달과 비교하여 음료수 판매량이 가장 많이 늘어난 때는 몇 월인가요?

( )월

7a 꺾은선그래프의 내용 알아보기

이름	
날짜	월 일
시간	: ~ :

물결선을 이용하여 나타낸 꺾은선그래프의 특징 알기 ①

● 수빈이는 전국에 황사가 발생하여 계속된 날수를 연도별로 조사하여 두 꺾은선그래프로 나타내었습니다. 물음에 답하세요.

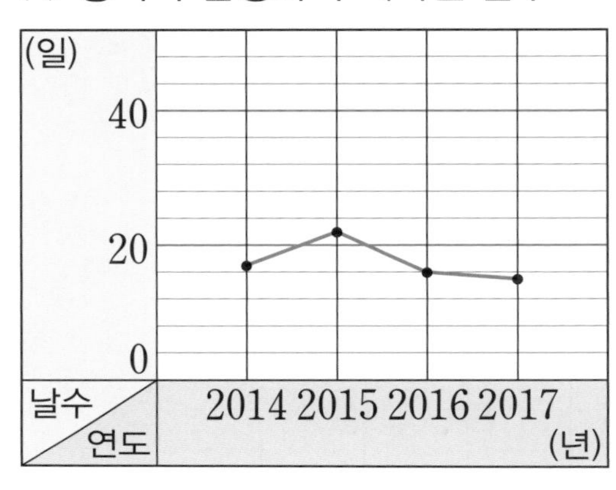

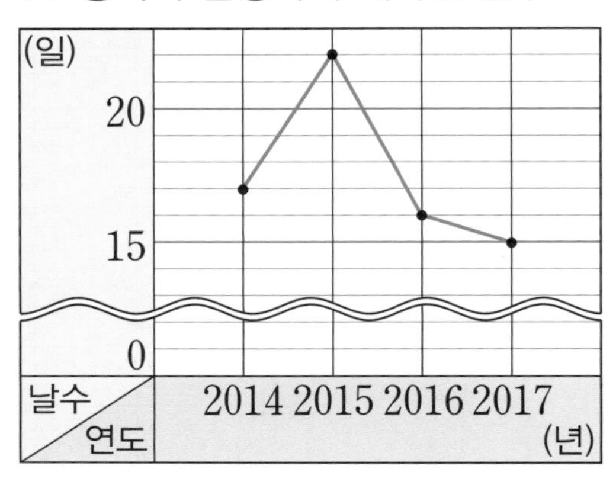

1 두 그래프의 같은 점과 다른 점은 무엇인지 □ 안에 알맞은 말을 써넣으세요.

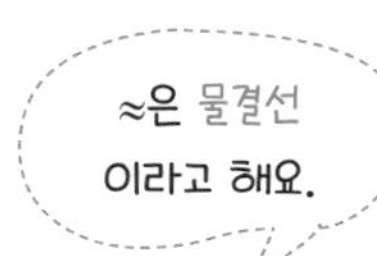

같은 점	전국에 황사가 발생하여 계속된 날수를 □ 별로 조사하여 나타낸 것입니다.
다른 점	㈏ 그래프는 □ 이 있습니다.

2 알맞은 말에 ○표 하세요.

㈎ 그래프보다 ㈏ 그래프의 세로 눈금 한 칸이 나타내는 값이 (커서 , 작아서) 변화하는 모습이 더 잘 나타납니다.

● 채원이는 어느 하루 방 안의 온도 변화를 조사하여 두 꺾은선그래프로 나타내었습니다. 물음에 답하세요.

(가)

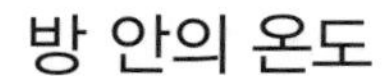

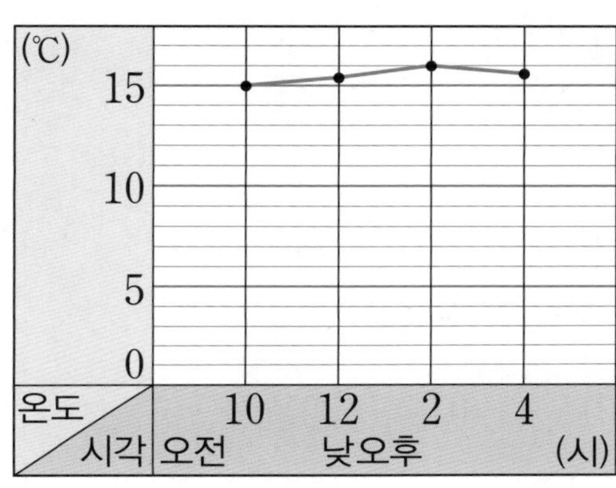

(나) 방 안의 온도

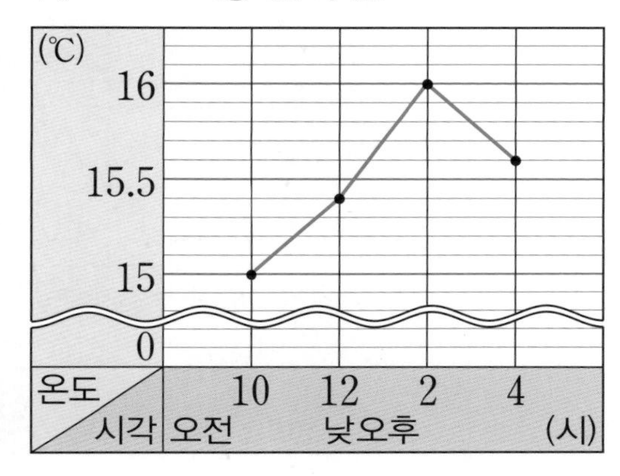

3 (나) 그래프를 보고 ☐ 안에 알맞은 말을 써넣으세요.

> 꺾은선그래프를 그릴 때 필요 없는 부분은 물결 모양의 선(≈)인 ☐ 으로 줄여서 나타낼 수 있습니다.

4 (가)와 (나) 그래프의 세로 눈금 한 칸은 각각 몇 ℃를 나타내나요?

(가) (　　　　　　)℃, (나) (　　　　　　)℃

5 (가)와 (나) 그래프 중 방 안의 온도가 변화하는 모습을 뚜렷하게 알 수 있는 그래프는 어느 것인가요?

(　　　　　　)

꺾은선그래프의 내용 알아보기

이름	
날짜	월 일
시간	: ~ :

물결선을 이용하여 나타낸 꺾은선그래프의 특징 알기 ②

● 수빈이가 전국에 황사가 발생하여 계속된 날수를 연도별로 조사하여 나타낸 꺾은선그래프입니다. 물음에 답하세요.

황사가 발생하여 계속된 날수

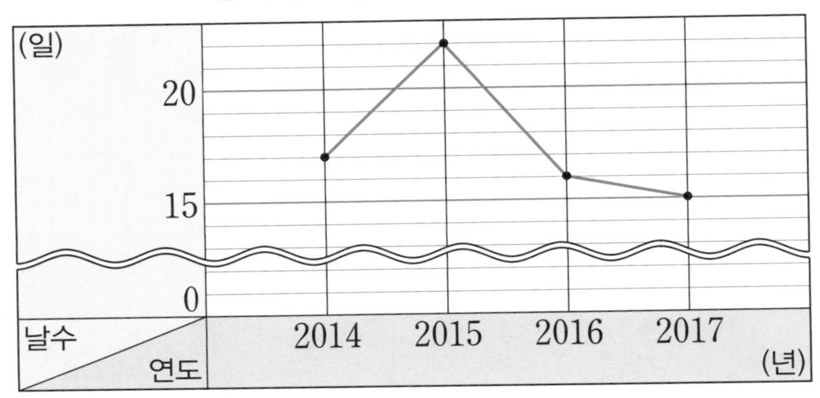

1 무엇을 조사하였나요?

( )

2 2016년에 황사가 발생하여 계속된 날수는 며칠인가요?

( )일

3 전년도와 비교하여 황사가 발생하여 계속된 날수가 늘어난 때는 몇 년인가요?

( )년

● 채원이가 어느 하루 방 안의 온도 변화를 조사하여 나타낸 꺾은선그래프입니다. 물음에 답하세요.

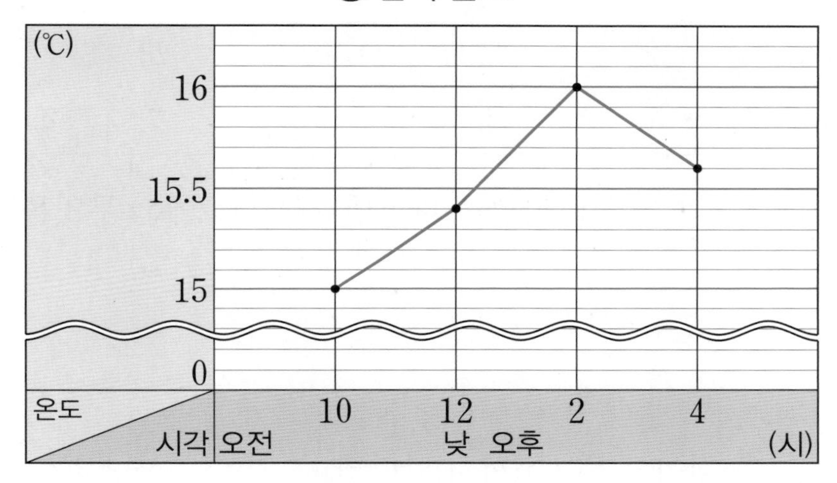

4 방 안의 온도가 15.4℃인 때는 몇 시인가요?

( )시

5 오후 4시에는 오후 2시보다 온도가 몇 ℃ 더 내렸나요?

( )℃

6 방 안의 온도가 가장 많이 변한 때는 몇 시와 몇 시 사이인가요?

☐시와 ☐시 사이

꺾은선그래프 그리기

이름	
날짜	월 일
시간	: ~ :

꺾은선그래프 그리기 ①

● 은서가 토마토 싹을 키우면서 일주일 간격으로 토마토 싹의 키를 재어 나타낸 표를 보고 꺾은선그래프로 나타내려고 합니다. 물음에 답하세요.

토마토 싹의 키

(오전 9시 조사)

날짜(일)	2	9	16	23	30
키(cm)	1	2	4	7	12

1 꺾은선그래프의 가로에 날짜를 나타낸다면 세로에는 무엇을 나타내어야 하나요?

( )

2 세로 눈금은 적어도 몇 cm까지 나타낼 수 있어야 하나요?

( ) cm

3 세로 눈금 한 칸은 몇 cm를 나타내어야 하나요?

( ) cm

꺾은선그래프를 반드시 다음과 같은 순서대로 나타내어야 하는 것은 아니지만 보통 다음과 같은 내용은 모두 포함되어야 합니다.

- 가로와 세로 중 어느 쪽에 조사한 수를 나타낼 것인가를 정합니다.
- 눈금 한 칸의 크기를 정하고, 조사한 수 중에서 가장 큰 수를 나타낼 수 있도록 눈금의 수를 정합니다.
- 가로 눈금과 세로 눈금이 만나는 자리에 점을 찍습니다.
- 점들을 선분으로 잇습니다.
- 마지막으로 꺾은선그래프에 알맞은 제목을 붙입니다.

4 다음과 같이 꺾은선그래프로 나타내려고 합니다. ㉠, ㉡에 각각 알맞은 말을 써넣으세요.

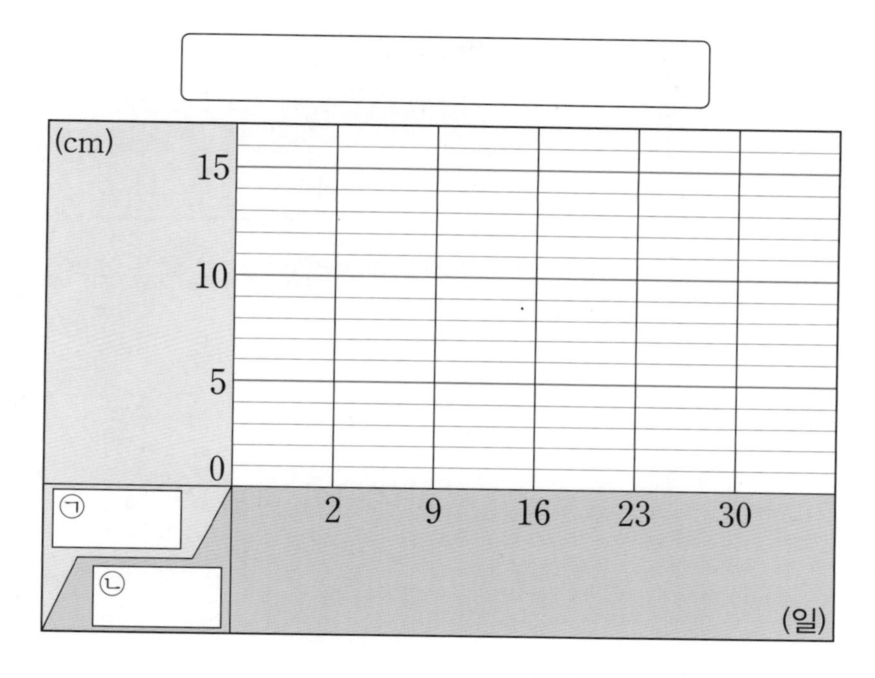

5 앞의 표를 보고 위 4번 그래프의 가로 눈금과 세로 눈금이 만나는 자리에 점을 찍으세요.

6 위 5번에서 찍은 각 점들을 선분으로 잇고, 알맞은 제목을 붙여서 꺾은선그래프를 완성해 보세요.

꺾은선그래프 그리기

이름	
날짜	월 일
시간	: ~ :

꺾은선그래프 그리기 ②

● 새롬이가 새 연필을 사용하면서 줄어든 연필의 길이를 조사하여 나타낸 표를 보고 꺾은선그래프로 나타내려고 합니다. 물음에 답하세요.

연필의 길이

날짜(일)	1	5	9	13	17
길이(cm)	17	16	14	11	8

1 꺾은선그래프의 가로에 날짜를 나타낸다면 세로에는 무엇을 나타내어야 하나요?

( )

2 세로 눈금 한 칸은 몇 cm를 나타내어야 하나요?

( ) cm

3 꺾은선그래프로 나타내어 보세요.

연필의 길이

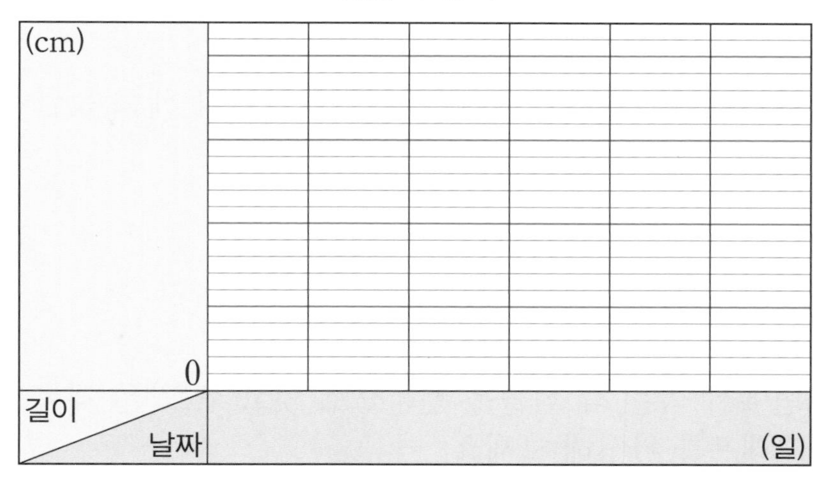

● 어느 지역의 월별 강수량을 조사하여 나타낸 표를 보고 꺾은선그래프로 나타내려고 합니다. 물음에 답하세요.

월별 강수량

월(월)	6	7	8	9	10	11
강수량(mm)	24	30	38	20	26	12

4 꺾은선그래프의 가로와 세로에는 각각 무엇을 나타내어야 하나요?

가로 ( ), 세로 ( )

5 세로 눈금 한 칸은 몇 mm를 나타내어야 하나요?

( ) mm

6 꺾은선그래프로 나타내어 보세요.

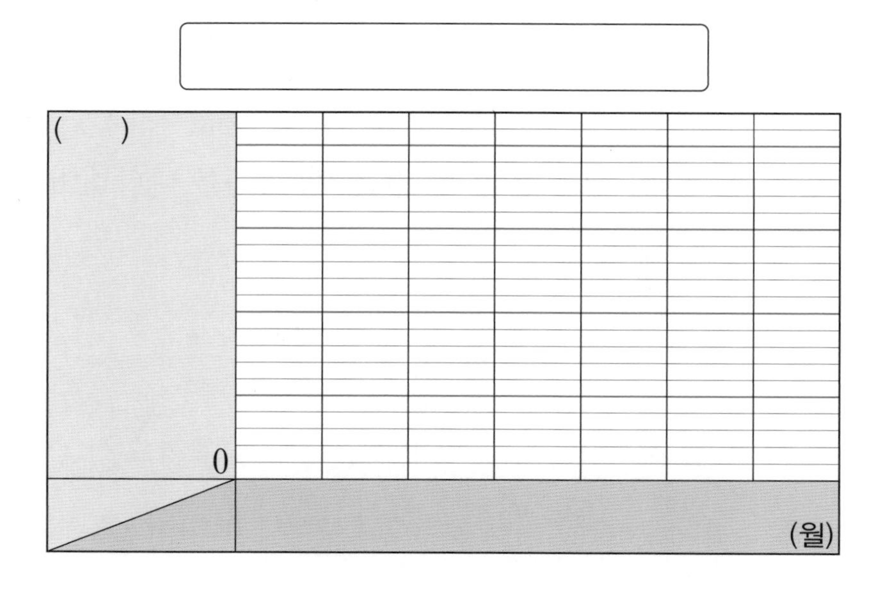

꺾은선그래프 그리기

이름	
날짜	월 일
시간	: ~ :

물결선을 이용하여 꺾은선그래프 그리기 ①

● 어느 지역의 연도별 적설량을 조사하여 나타낸 표를 보고 꺾은선그래프로 나타내려고 합니다. 물음에 답하세요.

연도별 적설량

연도(년)	2014	2015	2016	2017	2018
적설량(mm)	15	18	29	25	21

1 꺾은선그래프의 가로에 연도를 나타낸다면 세로에는 무엇을 나타내어야 하나요?

( )

2 세로 눈금은 적어도 몇 mm까지 나타낼 수 있어야 하나요?

( ) mm

3 물결선을 넣는다면 세로 눈금 한 칸은 몇 mm를 나타내어야 하나요?

( ) mm

4 물결선을 몇 mm와 몇 mm 사이에 넣으면 좋을까요?

☐ mm와 ☐ mm 사이

5 다음과 같이 꺾은선그래프로 나타내려고 합니다. ㉠, ㉡에 각각 알맞은 말을 써넣으세요.

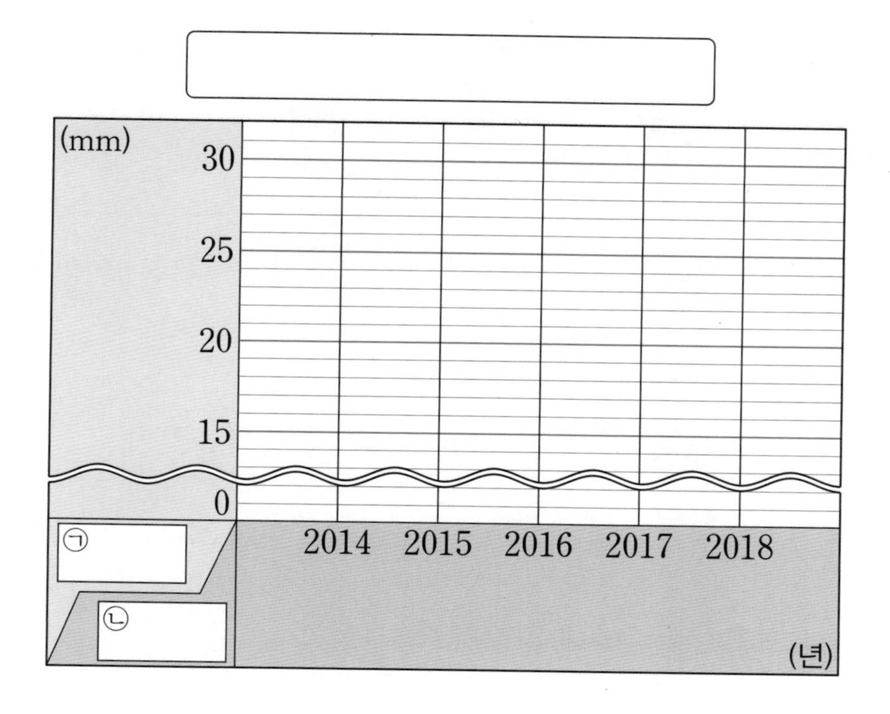

6 앞의 표를 보고 위 5번 그래프의 가로 눈금과 세로 눈금이 만나는 자리에 점을 찍으세요.

7 위 6번에서 찍은 각 점들을 선분으로 잇고, 알맞은 제목을 붙여서 꺾은선그래프를 완성해 보세요.

12a

꺾은선그래프 그리기

이름	
날짜	월 일
시간	: ~ :

물결선을 이용하여 꺾은선그래프 그리기 ②

● 은결이네 학교 누리집의 방문자 수를 조사하여 나타낸 표를 보고 꺾은선그래프로 나타내려고 합니다. 물음에 답하세요.

누리집의 방문자 수

요일(요일)	월	화	수	목	금
방문자 수(명)	86	70	77	81	74

1 물결선을 넣는다면 세로 눈금 한 칸은 몇 명을 나타내어야 하나요?

( )명

2 물결선을 몇 명과 몇 명 사이에 넣으면 좋을까요?

☐명과 ☐명 사이

3 꺾은선그래프로 나타내어 보세요.

누리집의 방문자 수

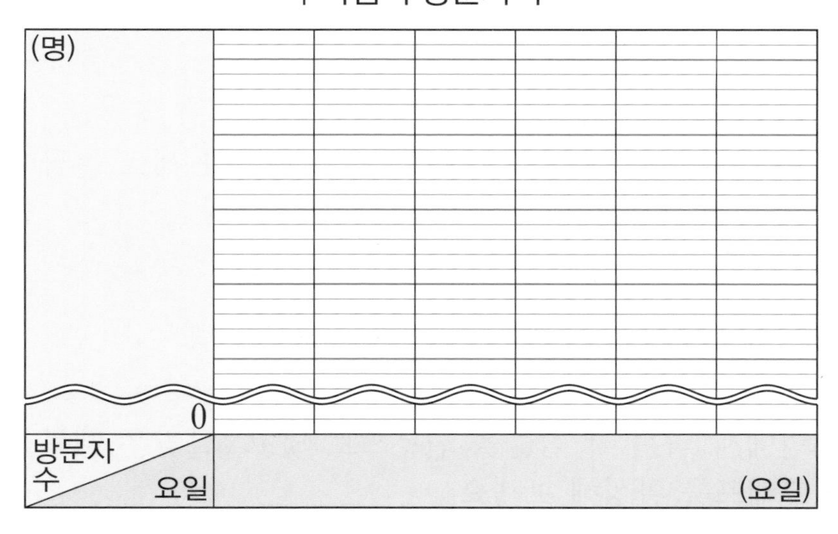

● 슬아가 감기에 걸린 동안 매일 체온을 재어 나타낸 표를 보고 꺾은선그래프로 나타내려고 합니다. 물음에 답하세요.

슬아의 체온

(오전 8시 조사)

요일(요일)	월	화	수	목	금	토	일
체온(℃)	37.2	37.8	38.6	38.7	37.9	37.5	37.1

4 물결선을 넣는다면 세로 눈금 한 칸은 몇 ℃를 나타내어야 하나요?

( )℃

5 물결선을 몇 ℃와 몇 ℃ 사이에 넣으면 좋을까요?

☐℃와 ☐℃ 사이

6 꺾은선그래프로 나타내어 보세요.

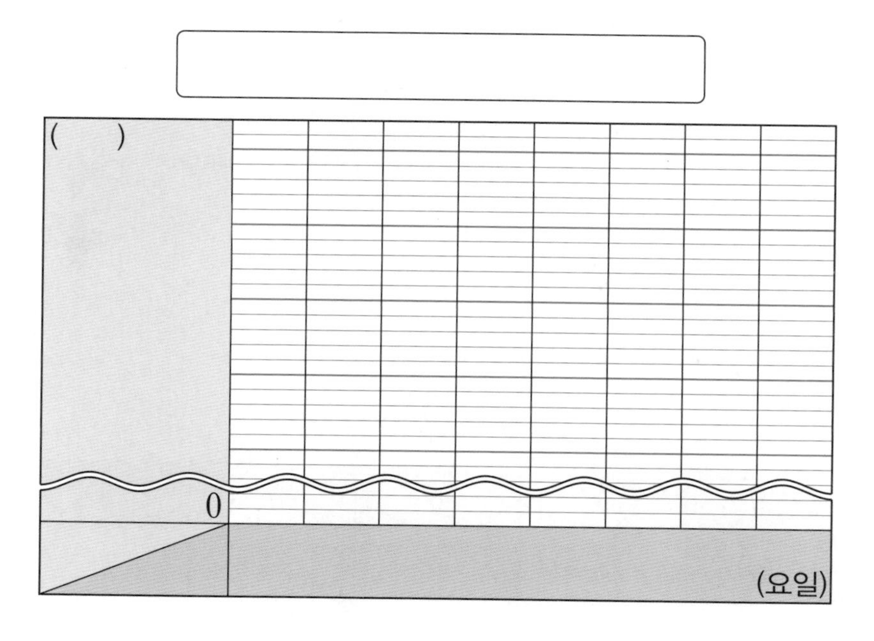

자료를 조사하여 꺾은선그래프로 나타내기

이름	
날짜	월 일
시간	: ~ :

자료를 조사하여 꺾은선그래프로 나타내기 ①

● 어느 지역의 월별 비가 온 날수를 조사하여 나타낸 것을 보고 표와 꺾은선그래프로 나타내려고 합니다. 물음에 답하세요.

자료를 조사하여 꺾은선그래프로 나타내기

<1단계> 준비 단계
- 필요한 통계적 내용 파악하기
- 조사할 내용 및 조사 항목 정하기
- 조사 방법, 대상, 시기 정하기
- 조사 알리기 및 협조 구하기

<2단계> 자료 수집, 분류, 집계 단계
- 자료 수집하기
- 수집한 자료 정리할 방법 생각하기

<3단계> 표나 그래프로 나타내기 단계
- 조사한 것을 다른 사람에게 알리기 위해 표나 그래프의 도표로 나타내어 쉽게 이해하게 하기

1 자료를 보고 표로 나타내어 보세요.

월별 비 온 날수

월(월)	5	6	7	8	9
날수(일)	8				

2 꺾은선그래프의 가로와 세로에는 각각 무엇을 나타내어야 하나요?

가로 (　　　　　　　　), 세로 (　　　　　　　　)

3 세로 눈금은 적어도 며칠까지 나타낼 수 있어야 하나요?

(　　　　　　　　)일

4 세로 눈금 한 칸은 며칠을 나타내어야 하나요?

(　　　　　　　　)일

5 꺾은선그래프로 나타내어 보세요.

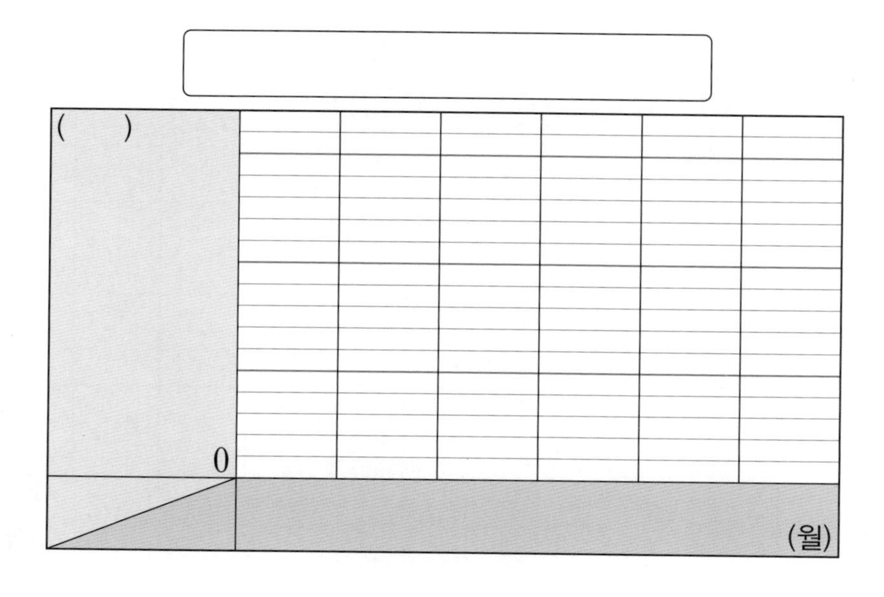

자료를 조사하여 꺾은선그래프로 나타내기

이름	
날짜	월 일
시간	: ~ :

자료를 조사하여 꺾은선그래프로 나타내기 ②

1 혜란이가 매월 1일에 강아지의 무게를 재어 나타낸 것을 보고 표와 꺾은선그래프로 나타내어 보세요.

강아지의 무게

월(월)	1	2	3	4	5	6
무게(kg)						

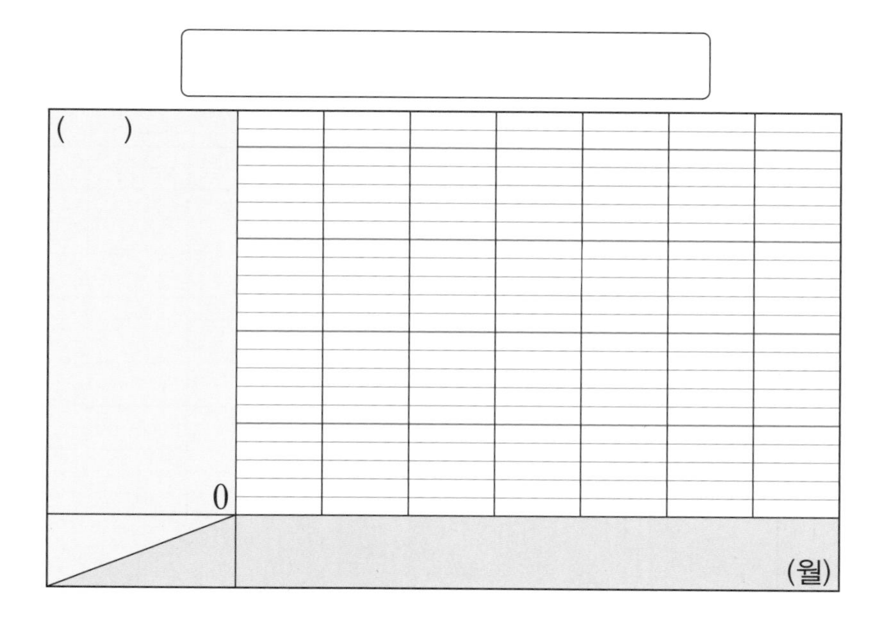

2 진우가 2월 최고 기온을 조사하여 달력에 써 놓은 것을 보고 표와 꺾은선그래프로 나타내어 보세요.

	1	2	3 (5.8 ℃)	4	5	6
7	8	9	10	11 (1.6 ℃)	12	13
14	15	16	17	18	19 (2.4 ℃)	20
21	22	23	24	25	26	27 (4.2 ℃)

2월 최고 기온

날짜(일)	3			
기온(℃)	5.8			

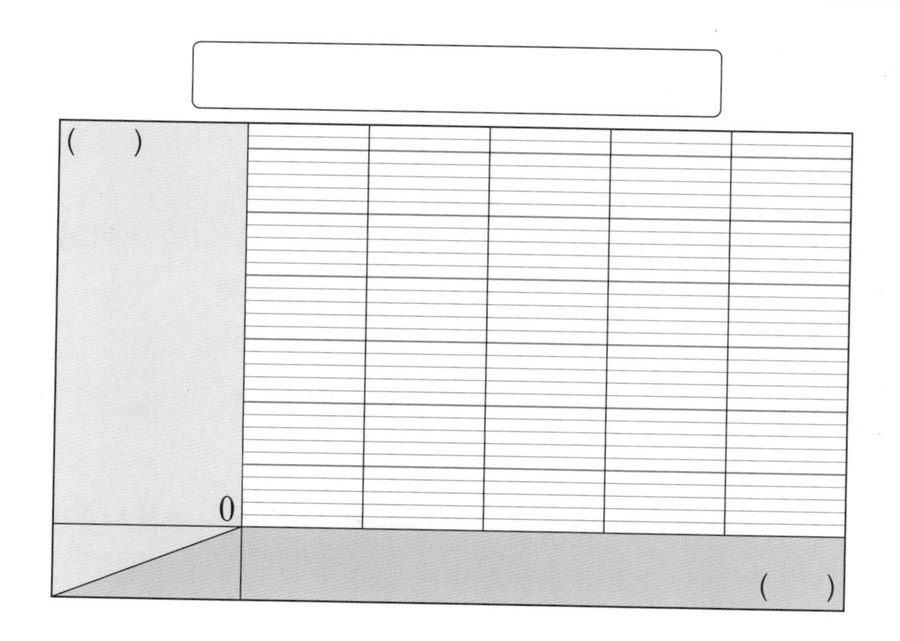

이름	
날짜	월 일
시간	: ~ :

자료를 조사하여 꺾은선그래프로 나타내기 ③

● 은희가 15일부터 19일까지 윗몸 말아 올리기 기록을 달력에 써 놓은 것을 보고 표와 꺾은선그래프로 나타내려고 합니다. 물음에 답하세요.

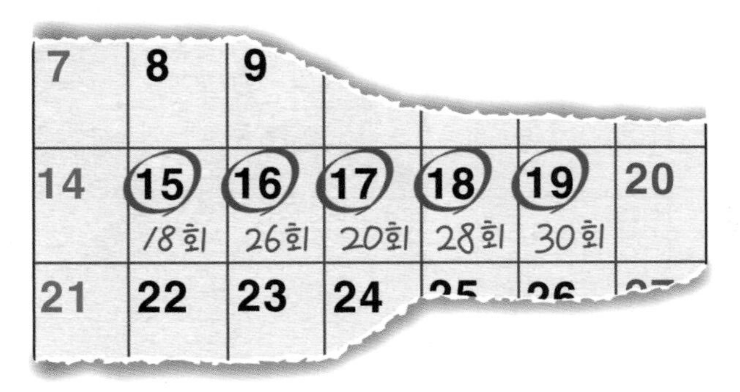

1 자료를 보고 표로 나타내어 보세요.

윗몸 말아 올리기 기록

날짜(일)	15	16	17	18	19
횟수(회)	18				

2 꺾은선그래프의 가로와 세로에는 각각 무엇을 나타내어야 하나요?

가로 (　　　　　　　　), 세로 (　　　　　　　　)

3 세로 눈금은 적어도 몇 회까지 나타낼 수 있어야 하나요?

(　　　　　　　　)회

4 물결선을 넣는다면 세로 눈금 한 칸은 몇 회를 나타내어야 하나요?

( )회

5 물결선을 몇 회와 몇 회 사이에 넣으면 좋을까요?

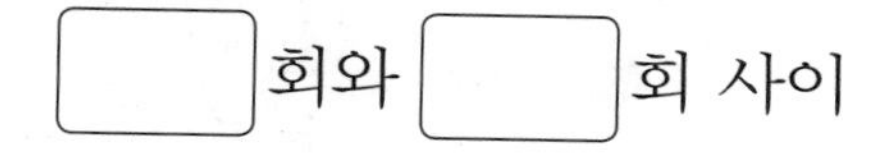

6 꺾은선그래프로 나타내어 보세요.

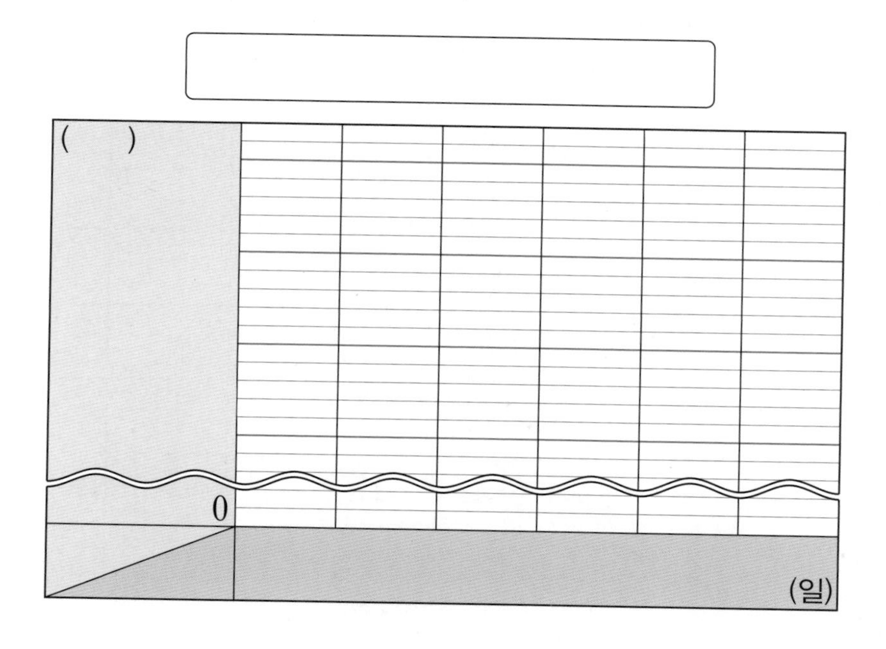

이름	
날짜	월 일
시간	: ~ :

자료를 조사하여 꺾은선그래프로 나타내기 ④

1 1학년부터 4학년까지 매년 6월에 인수의 키를 재어 나타낸 것을 보고 표와 꺾은선그래프로 나타내어 보세요.

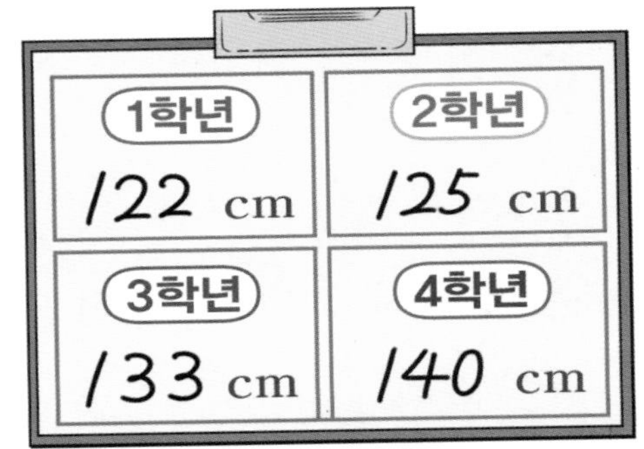

인수의 키

학년(학년)	1	2	3	4
키(cm)				

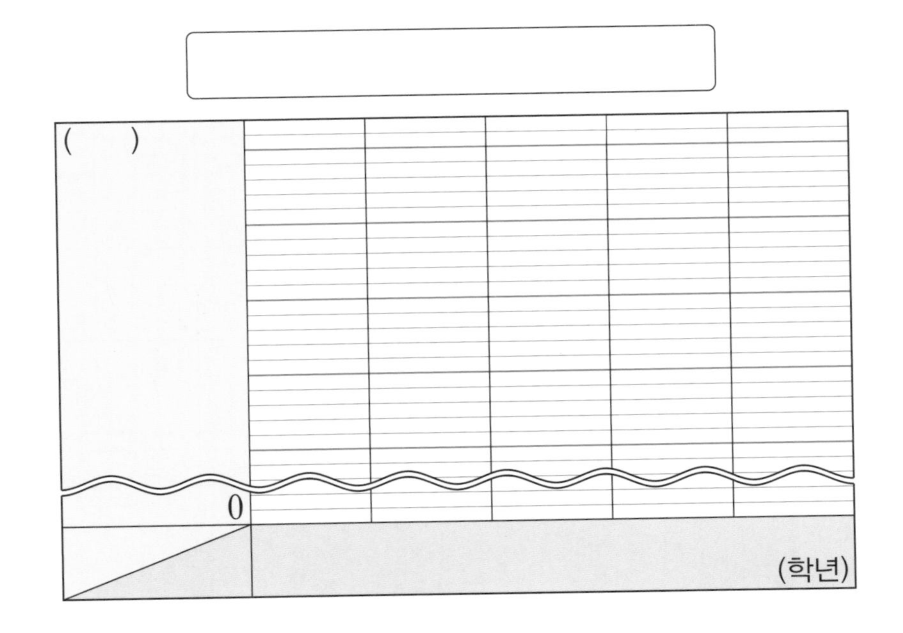

2 동계 올림픽 종목인 봅슬레이의 연도별 등록 선수 수를 조사한 것을 보고 표와 꺾은선그래프로 나타내어 보세요.

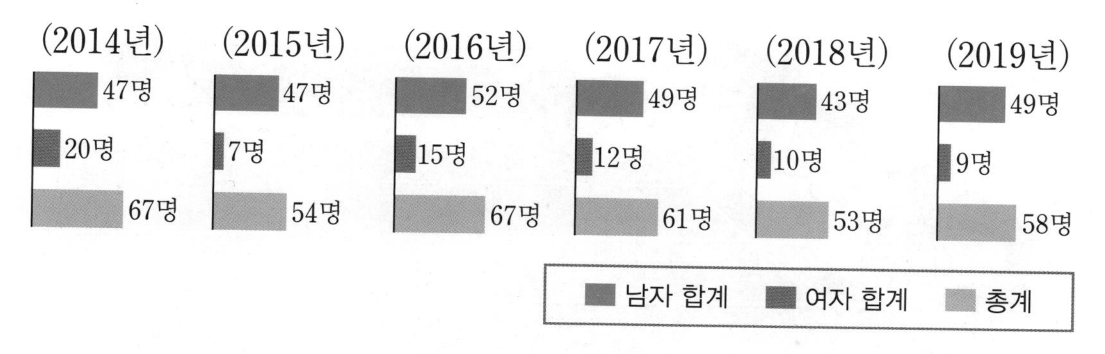

봅슬레이의 연도별 등록 선수 수

연도(년)	2014					
선수 수(명)	67					

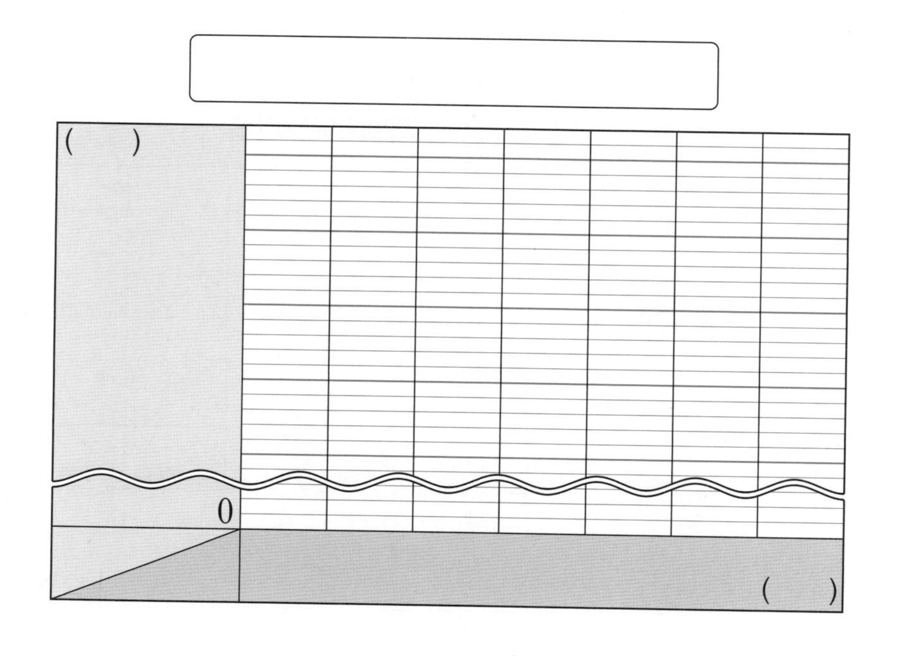

꺾은선그래프의 활용

이름	
날짜	월 일
시간	: ~ :

생활에서 꺾은선그래프 활용하기 ①

● 준기의 왕복 오래달리기 기록을 조사하여 표와 그래프로 나타내려고 합니다. 물음에 답하세요.

준기의 왕복 오래달리기 기록

요일(요일)	월	화	수	목	금
횟수(회)	72			65	76

준기의 왕복 오래달리기 기록

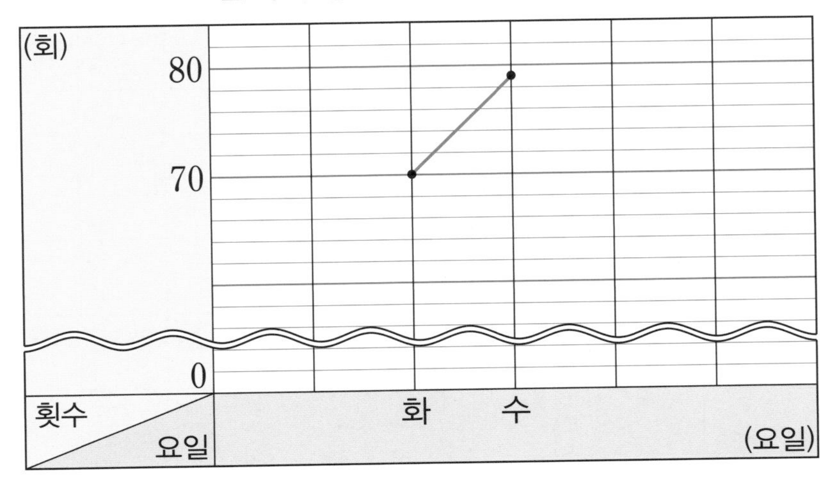

1 화요일과 수요일의 왕복 오래달리기 기록은 각각 몇 회인가요?

화요일 ( )회, 수요일 ( )회

2 꺾은선그래프를 완성해 보세요.

3 왕복 오래달리기 기록이 가장 좋은 때는 무슨 요일인가요?

( )요일

4 전날과 비교하여 기록이 좋지 않은 때는 무슨 요일인지 모두 써 보세요.

( )

5 전날과 비교하여 기록이 가장 많이 좋아진 때는 무슨 요일인가요?

( )요일

꺾은선그래프의 활용

이름	
날짜	월 일
시간	: ~ :

 생활에서 꺾은선그래프 활용하기 ②

● 지희는 어느 선수가 한 해 동안 스피드 스케이팅 500 m 대회에서 얻은 최고 기록을 조사하여 표와 그래프로 나타내려고 합니다. 물음에 답하세요.

어느 선수의 대회별 최고 기록

대회	1차	2차	3차	4차
기록(초)	37.3			36.5

어느 선수의 대회별 최고 기록

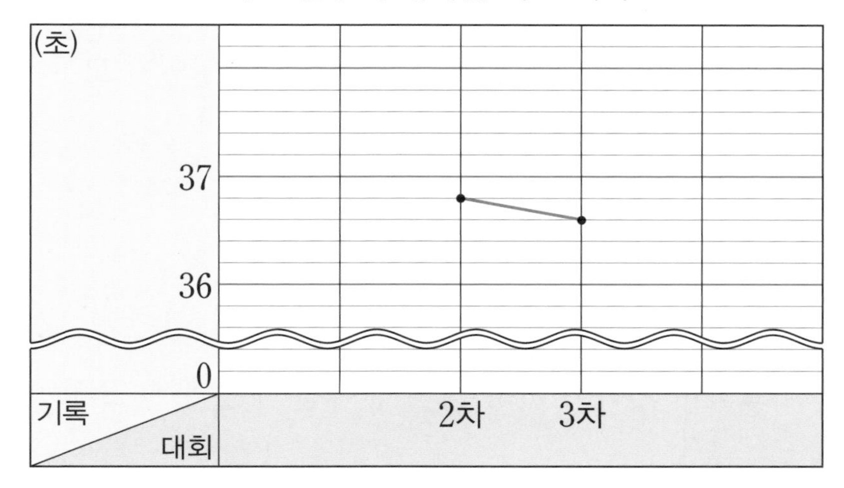

1 2차 대회와 3차 대회의 기록은 각각 몇 초인가요?

2차 ( )초, 3차 ( )초

2 꺾은선그래프를 완성해 보세요.

3 이 선수의 기록은 어떻게 변하고 있나요?

( )

4 전 대회와 비교하여 기록이 가장 많이 좋아진 때는 몇 차 대회인가요? 그렇게 생각한 이유는 무엇인가요?

( ) 대회

---

5 만약 5차 대회를 한다면 기록이 어떻게 될지 이야기 해 보세요.

( )

19a

꺾은선그래프의 활용

이름	
날짜	월 일
시간	: ~ :

두 꺾은선그래프 비교하기 ①

● 어느 지역의 남녀 초등학생 수를 조사하여 나타낸 꺾은선그래프입니다. 물음에 답하세요.

남학생 수

(명) 300, 250, 200, 150, 0
학생 수 / 연도: 2015 2016 2017 2018 2019 (년)

여학생 수

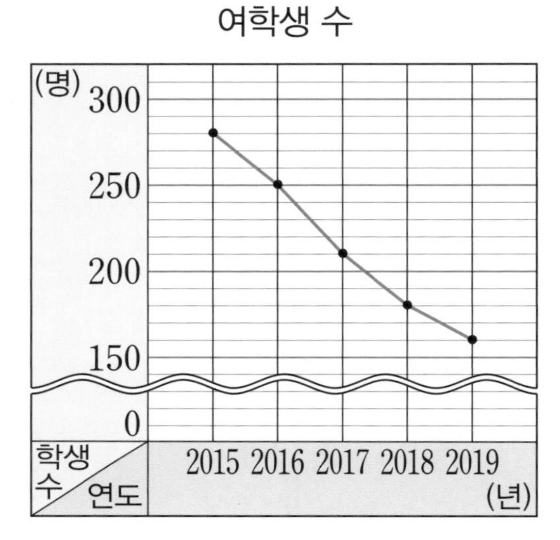

1 남학생 수의 변화를 알아보세요.

☐ 명에서 ☐ 명으로 (늘었습니다 , 줄었습니다).

2 두 그래프 중 학생 수의 변화가 더 심한 것은 어느 것인가요?

☐ 수를 나타낸 그래프

3 여학생 수는 앞으로 어떻게 변할 것 같나요? 알맞은 말에 ○표 하세요.

여학생 수는 점점 (늘어날 , 줄어들) 것입니다.

● 피겨 스케이팅 선수의 프리 스케이팅 기록을 조사하여 나타낸 꺾은선그래프입니다. 물음에 답하세요.

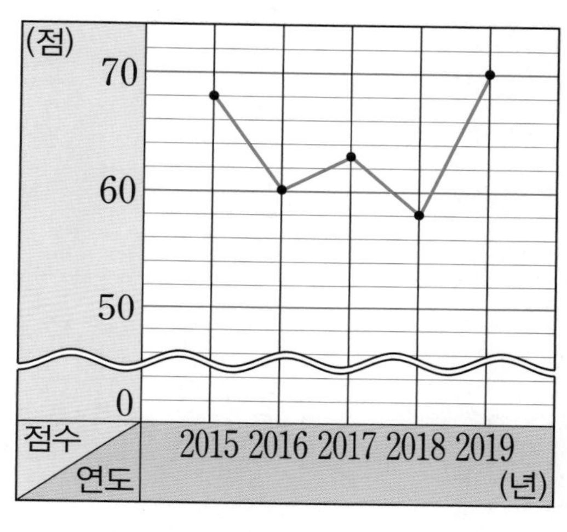

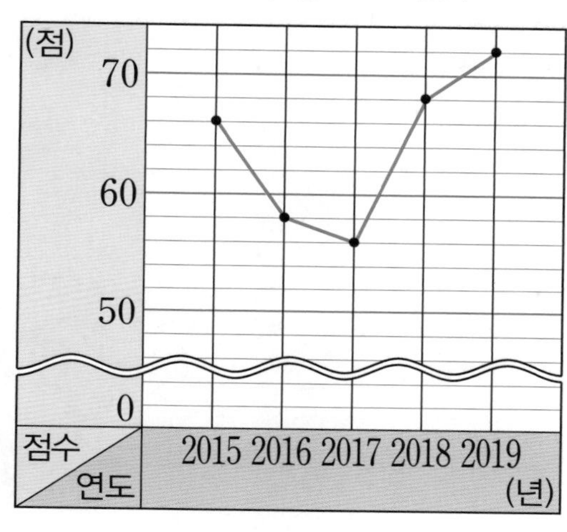

4 기술 점수의 변화를 살펴보면 몇 점부터 몇 점까지인가요?

□ 점부터 □ 점까지

5 전년도와 비교하여 프로그램 구성 요소 점수가 가장 많이 좋아진 때는 몇 년인가요?

(　　　　　　　)년

6 기술 점수와 프로그램 구성 요소 점수를 더한 점수가 가장 높은 연도는 몇 년이고, 몇 점인가요?

(　　　　　　　)년, (　　　　　　　)점

꺾은선그래프의 활용

이름	
날짜	월 일
시간	: ~ :

두 꺾은선그래프 비교하기 ②

● 1학년부터 4학년까지 매년 6월에 연수와 승호의 키를 재어 나타낸 꺾은선그래프입니다. 물음에 답하세요.

연수의 키

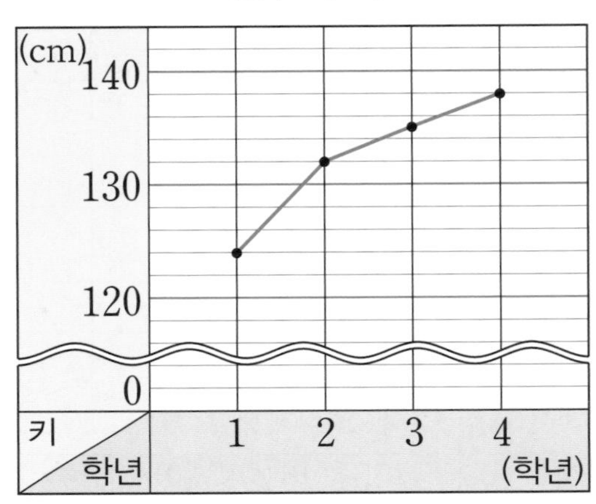

승호의 키

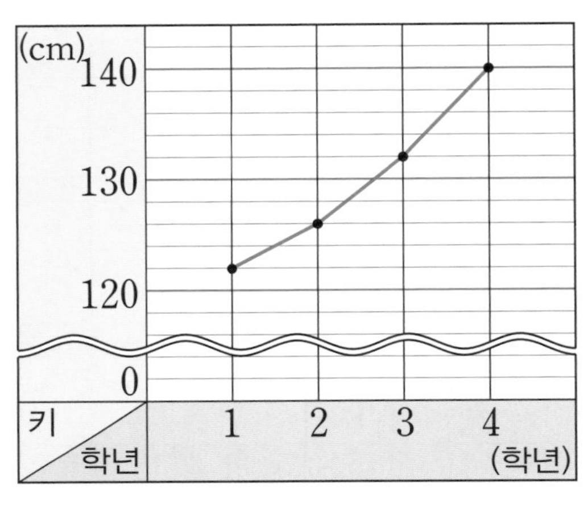

1 알맞은 말에 ○표 하세요.

> 1학년 때는 (연수 , 승호)의 키가 더 컸으나 4학년 때는 (연수 , 승호)의 키가 더 큽니다.

2 조사한 기간 동안 더 많이 자란 사람은 누구인가요?

( )

3 승호가 5학년 6월에 키를 잰다면 몇 cm가 될까요? 그렇게 생각한 이유는 무엇인가요?

( ) cm

___

● 11월 한 달 동안 독도 지역의 해 뜨는 시각과 해 지는 시각을 조사하여 나타낸 꺾은선그래프입니다. 물음에 답하세요.

해 뜨는 시각

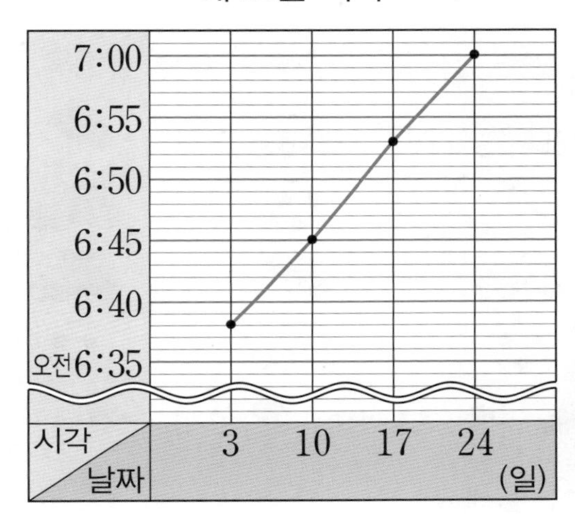

해 지는 시각

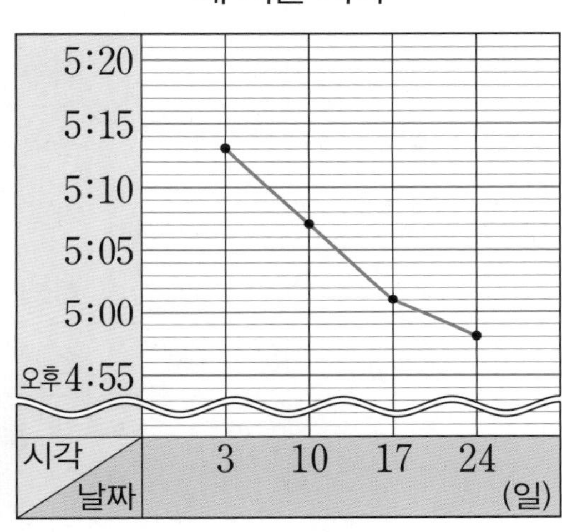

4 해 뜨는 시각은 어떻게 변하고 있나요?

( )

5 해 지는 시각은 어떻게 변하고 있나요?

( )

6 일주일 후인 12월 1일의 해 뜨는 시각은 언제일까요? 그렇게 생각한 이유는 무엇인가요?

오전 ( )시 ( )분

그림그래프

이름	
날짜	월 일
시간	: ~ :

표와 그림그래프의 활용

● 은솔이는 반 학생들이 방학 동안 하고 싶은 일을 조사하였습니다. 물음에 답하세요.

방학 동안 하고 싶은 일

이름	종류	이름	종류	이름	종류	이름	종류	이름	종류
은솔	독서	재성	휴식	은희	여행	시현	여행	슬기	휴식
진영	운동	정윤	여행	아름	휴식	다은	운동	재은	여행
성연	휴식	연수	독서	정은	여행	은경	독서	지혜	여행
태수	여행	지훈	휴식	준현	운동	종우	여행	동원	운동

여행 운동 휴식 독서

1 조사한 자료를 보고 표로 나타내어 보세요.

방학 동안 하고 싶은 일별 학생 수

종류	여행	운동	휴식	독서	합계
학생 수(명)					

2 가장 많은 학생이 방학 동안 하고 싶은 일은 무엇인가요?

( )

3 표를 보고 알 수 있는 내용을 두 가지 써 보세요.

•

•

● 어느 대리점에서 일주일 동안 팔린 전자 제품의 수를 조사하여 나타낸 그림그래프입니다. 물음에 답하세요.

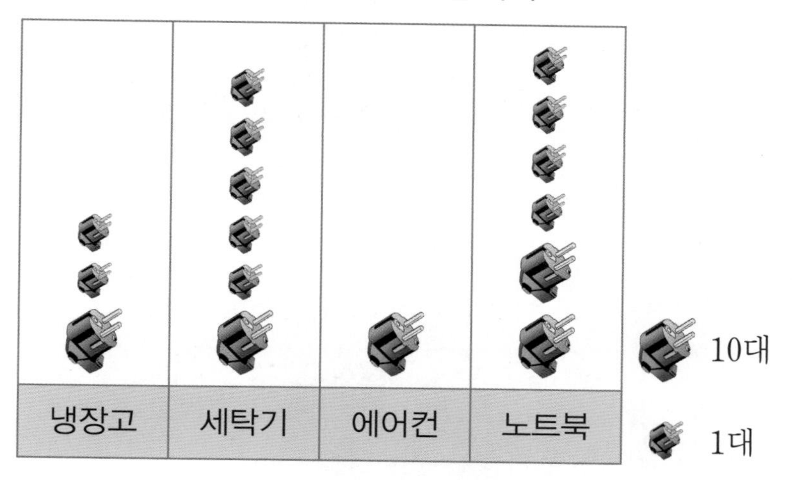

4 일주일 동안 가장 많이 팔린 전자 제품부터 순서대로 써 보세요.

( )

5 가장 많이 팔린 전자 제품은 가장 적게 팔린 전자 제품보다 몇 대 더 많이 팔렸나요?

( )대

6 내가 대리점 주인이라면 다음 주에는 어떤 전자 제품을 더 많이 준비하면 좋을까요? 그렇게 생각한 이유는 무엇인가요?

( )

이름	
날짜	월 일
시간	: ~ :

그림그래프의 활용

1 기탄초등학교에 외국 학생들이 방문을 하여 점심 식사를 함께 하기로 하였습니다.

[자료1]

외국 학생들이 좋아하는 한국 음식

음식	닭갈비	떡갈비	불고기	갈비탕	비빔밥	합계
학생 수(명)	14	30	66	50	40	200

[자료2]

기탄초등학교 학생들이 좋아하는 한국 음식

음식	학생 수
닭갈비	◉◉◉◉◉
떡갈비	◉◉◉○○○○○
불고기	◉◉◉◉◉◉○○○
갈비탕	◉◉◉○○
비빔밥	◉◉

◉ 10명
○ 1명

[자료1], [자료2]를 보고 내가 영양사 선생님이라면 어떤 음식을 준비하면 좋을까요? 그렇게 생각한 이유는 무엇인가요?

( )

2 학예회에 참가한 학생 수를 종목별로 조사하여 표로 나타내었습니다. 표를 보고 두 개의 그림그래프로 나타내어 보세요.

학예회 종목별 참가 학생 수

종목	합창	합주	연극	무용	합계
학생 수(명)	37	19	16	28	100

(가) 학예회 종목별 참가 학생 수

종목	학생 수
합창	
합주	
연극	
무용	

◎ 10명
○ 1명

(나) 학예회 종목별 참가 학생 수

종목	학생 수
합창	
합주	
연극	
무용	

◎ 10명
△ 5명
○ 1명

막대그래프

이름	
날짜	월 일
시간	: ~ :

막대그래프의 활용 ①

[1~3] 여학생과 남학생이 운동회에서 하고 싶은 경기를 조사하여 나타낸 막대그래프입니다. 물음에 답하세요.

여학생이 운동회에서 하고 싶은 경기

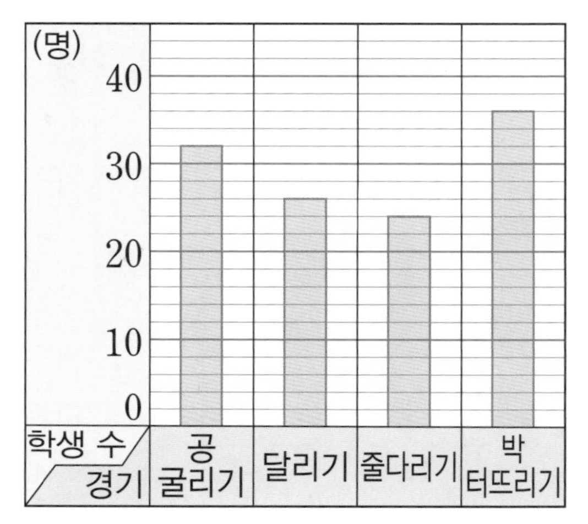

남학생이 운동회에서 하고 싶은 경기

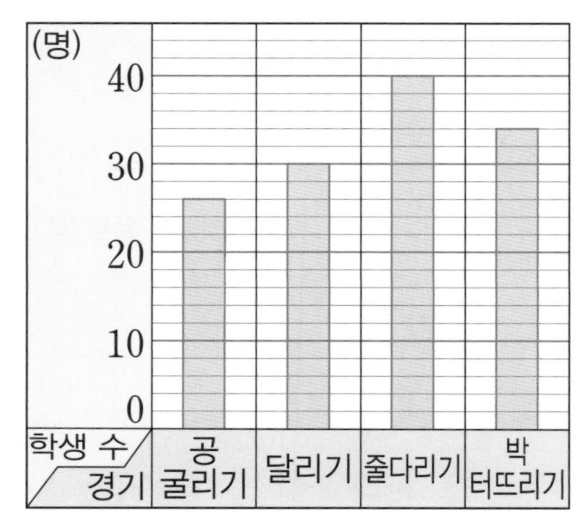

1 가장 많은 여학생과 남학생이 하고 싶은 경기는 각각 무엇인가요?

여학생 ( ), 남학생 ( )

2 여학생과 남학생이 하고 싶은 경기가 어떻게 다른지 이야기해 보세요.

---

3 하고 싶은 경기 중 여학생 수와 남학생 수의 차가 가장 큰 경기는 무엇인가요?

( )

4 학생들이 좋아하는 체육 활동을 조사하여 표로 나타내었습니다. 표를 보고 두 개의 막대그래프로 나타내어 보세요.

좋아하는 체육 활동별 학생 수

체육 활동	달리기	뜀틀	피구	야구	축구	합계
학생 수(명)	2	5	10	4	6	27

(가) 좋아하는 체육 활동별 학생 수

(나) 좋아하는 체육 활동별 학생 수

체육 활동 \ 학생 수	
달리기	
뜀틀	
피구	
야구	
축구	
	0 5 10 (명)

이름	
날짜	월 일
시간	: ~ :

막대그래프의 활용 ②

● 주영이네 학교 4학년 학생들이 가고 싶은 현장 체험 학습 장소를 조사한 것입니다. 물음에 답하세요.

가고 싶은 현장 체험 학습 장소

과학관	방송국	수영장	박물관	미술관

1 조사한 자료를 보고 표와 막대그래프로 나타내어 보세요.

가고 싶은 현장 체험 학습 장소별 학생 수

장소	과학관	방송국	수영장	박물관	미술관	합계
학생 수(명)						

가고 싶은 현장 체험 학습 장소별 학생 수

2 표와 막대그래프 중 전체 학생 수를 알아보기에 어느 것이 더 편리한가요?

( )

3 표와 막대그래프 중 학생들이 가장 가고 싶은 현장 체험 학습 장소를 한눈에 알아보기에 어느 것이 더 편리한가요?

( )

4 가장 많은 학생이 가고 싶은 현장 체험 학습 장소부터 순서대로 써 보세요.

( )

5 표와 막대그래프의 같은 점은 무엇인가요?

____

6 막대그래프로 나타내면 좋은 점은 무엇인가요?

____

이름	
날짜	월 일
시간	: ~ :

막대그래프의 활용 ③

● 양궁 경기 방법과 주어진 자료를 보고, 물음에 답하세요.

양궁 경기 방법

- 모두 5세트 경기를 하고 주어진 시간 안에 쏘아야 합니다. 시간 안에 쏘지 않으면 0점이 됩니다.
- 각 세트당 3발씩 쏘아 얻은 기록의 합을 계산하여 합이 높으면 이깁니다.
- 각 세트당 이기는 경우 2점, 비기는 경우 1점, 지는 경우 0점을 얻습니다.
- 세트당 얻은 점수의 합이 높은 사람이 이깁니다.

[자료1] 각 세트당 3발씩 쏘아 얻은 기록의 합을 나타낸 표

미소와 현아의 기록

세트 / 이름	1세트	2세트	3세트	4세트	5세트
미소	26	28	29		
현아	25	28	30		

[자료2] 4세트와 5세트의 기록을 나타낸 막대그래프

미소의 기록

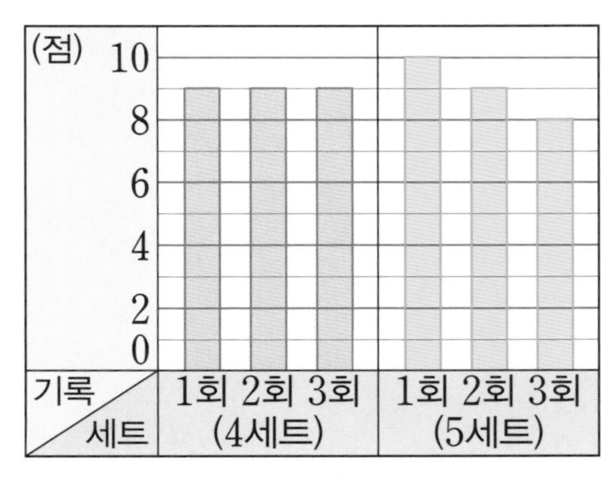

현아의 기록

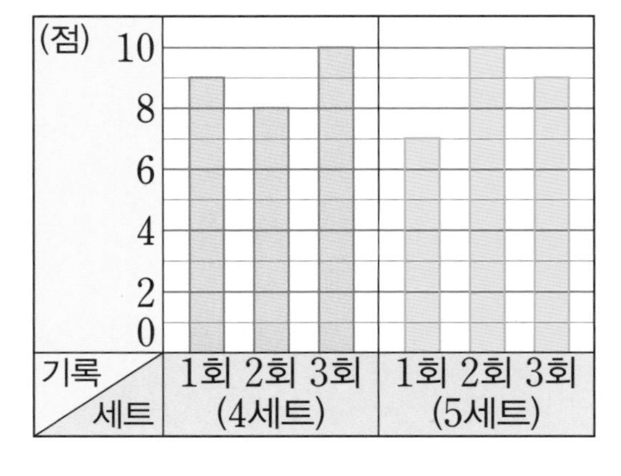

1 [자료2]를 보고 [자료1]의 표를 완성해 보세요.

2 미소와 현아의 세트당 기록의 합을 막대그래프로 나타내어 보세요.

미소의 기록

(점)					
30					
20					
10					
0					
기록의 합 / 세트	1세트	2세트	3세트	4세트	5세트

현아의 기록

3 두 선수가 경기 방법에 따라 세트당 얻은 점수의 합을 각각 구해 보세요.

미소 (　　　　　　　　)점, 현아 (　　　　　　　　)점

4 누구를 양궁 대표 선수로 정할까요? 그 이유는 무엇인가요?

(　　　　　　　　)

꺾은선그래프

이름	
날짜	월 일
시간	: ~ :

꺾은선그래프의 활용 ①

● 12월 중 하루의 기온 변화를 조사하여 나타낸 꺾은선그래프입니다. 물음에 답하세요.

12월 하루 기온

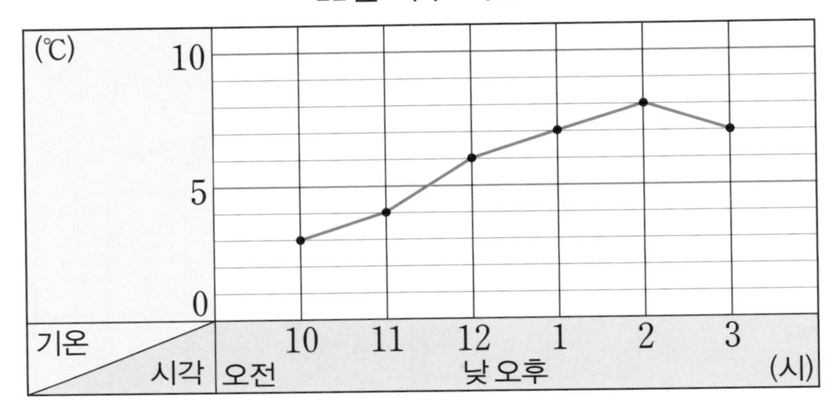

1 그래프를 보고 빈칸에 기온을 써넣으세요.

12월 하루 기온

시각(시)	오전 10	오전 11	낮 12	오후 1	오후 2	오후 3
기온(℃)						

2 기온이 가장 높은 때는 몇 시인가요?

( )시

3 그래프를 보고 알 수 있는 내용을 두 가지 써 보세요.

•

•

● 세 가지 식물의 키의 변화를 조사하여 나타낸 꺾은선그래프입니다. 물음에 답하세요.

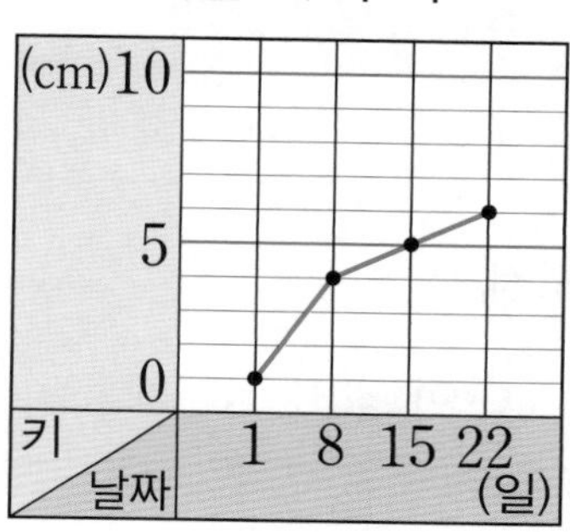

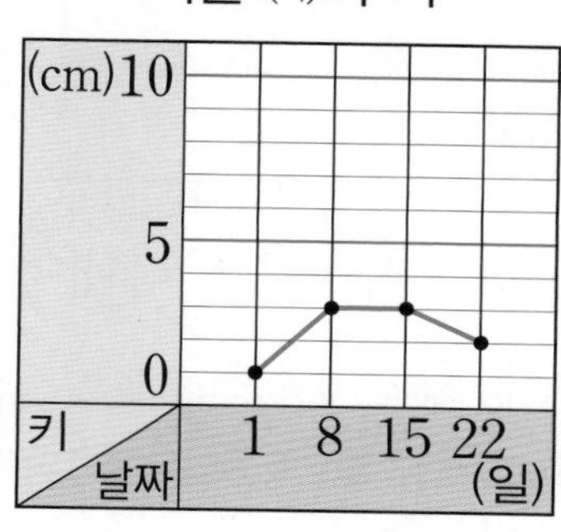

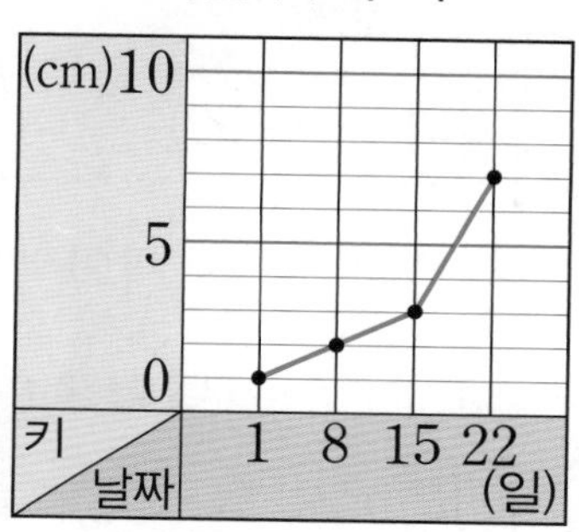

4 처음에는 천천히 자라다가 시간이 지나면서 빠르게 자라는 식물은 어느 것인가요?

( )

5 처음에는 빠르게 자라다가 시간이 지나면서 천천히 자라는 식물은 어느 것인가요?

( )

6 조사하는 동안 시들기 시작한 식물은 어느 것일까요? 그렇게 생각한 이유는 무엇인가요?

( )

이름	
날짜	월 일
시간	: ~ :

꺾은선그래프

꺾은선그래프의 활용 ②

● 어느 해 낮의 길이를 조사하여 표로 나타내었습니다. 물음에 답하세요.

낮의 길이

(매월 1일 조사)

월(월)	6	7	8	9
낮의 길이(시간)	14.6	14.7	14.1	13

1 표를 보고 두 개의 꺾은선그래프로 나타내어 보세요.

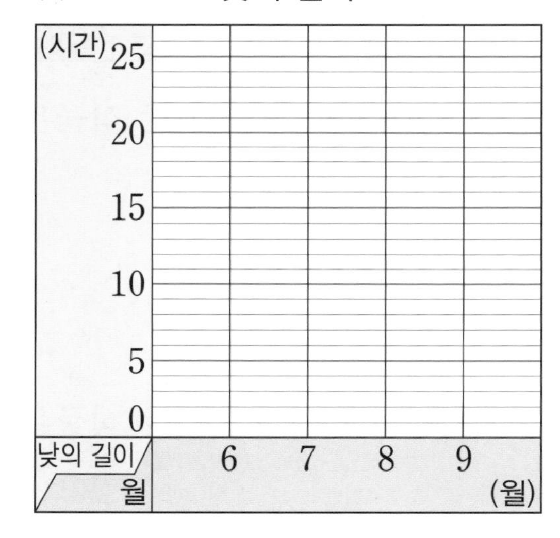

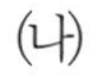
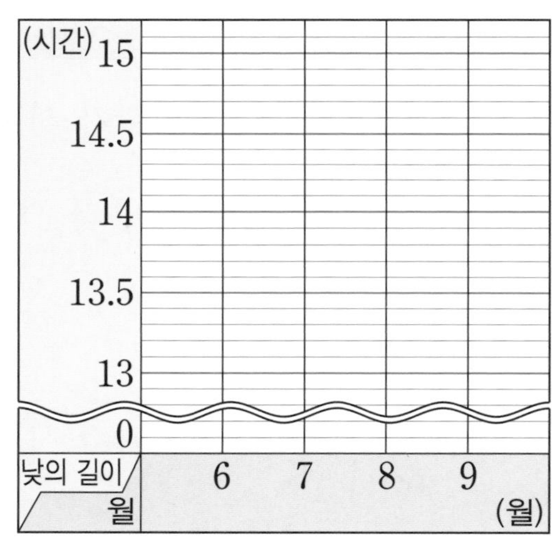

2 (가)와 (나) 그래프 중 낮의 길이가 변화하는 모습을 뚜렷하게 알 수 있는 그래프는 어느 것인가요? 그렇게 생각한 이유는 무엇인가요?

( )

● 다경이의 몸무게를 조사하여 나타낸 꺾은선그래프입니다. 물음에 답하세요.

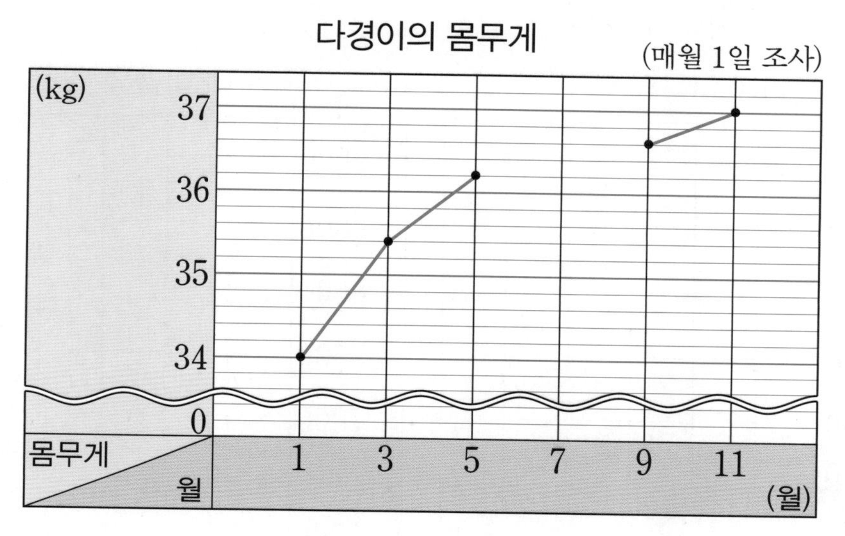

3 5월은 1월보다 몸무게가 몇 kg 더 늘었나요?

( ) kg

4 7월의 다경이의 몸무게는 어느 정도였을 것이라고 예상하나요? 그렇게 생각한 이유는 무엇인가요?

( ) kg

---

5 몸무게가 가장 많이 늘어난 때는 몇 월과 몇 월 사이인가요?

☐월과 ☐월 사이

꺾은선그래프

이름	
날짜	월 일
시간	: ~ :

꺾은선그래프의 활용 ③

[1~3] 은미네 마을과 경수네 마을의 인구를 각각 조사하여 나타낸 꺾은선그래프입니다. 물음에 답하세요.

㈎ 은미네 마을의 인구

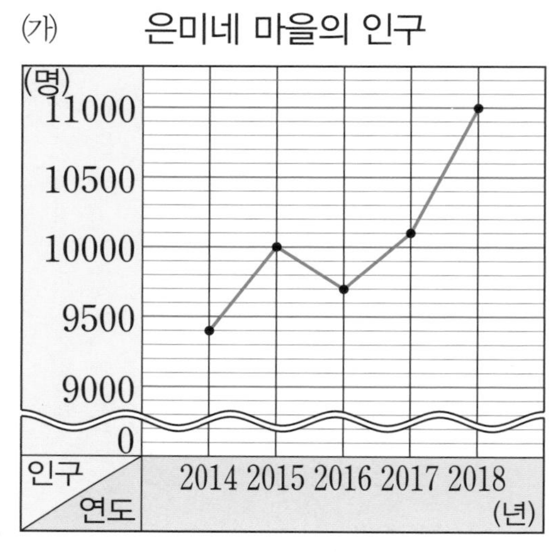

㈏ 경수네 마을의 인구

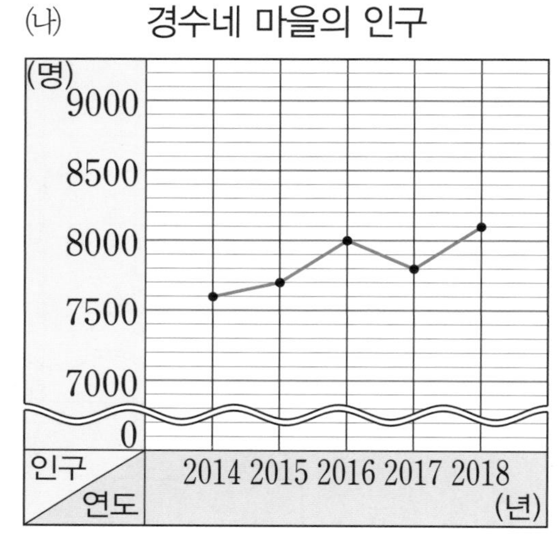

1 ㈎와 ㈏ 그래프 중 인구의 변화가 더 크게 나타난 그래프는 어느 것인가요? 그렇게 생각한 이유는 무엇인가요?

( )

2 두 그래프의 같은 점을 써 보세요.

3 두 그래프의 다른 점을 써 보세요.

4 모둠발로 앞으로 줄넘기를 한 개수와 모둠발로 뒤로 줄넘기를 한 개수를 조사하여 나타낸 표입니다. 표를 보고 꺾은선그래프로 나타낸 다음, 두 그래프의 같은 점과 다른 점을 써 보세요.

모둠발로 앞으로 줄넘기를 한 개수

회(회)	1	2	3	4	5
개수(개)	91	102	98	105	110

모둠발로 뒤로 줄넘기를 한 개수

회(회)	1	2	3	4	5
개수(개)	5	3	8	15	22

(가) 모둠발로 앞으로 줄넘기를 한 개수

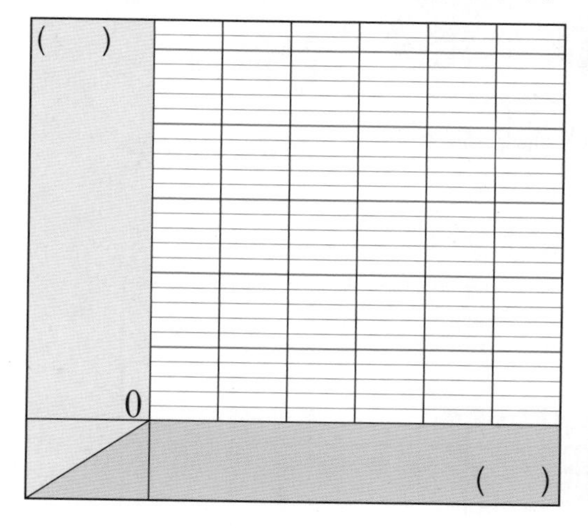

(나) 모둠발로 뒤로 줄넘기를 한 개수

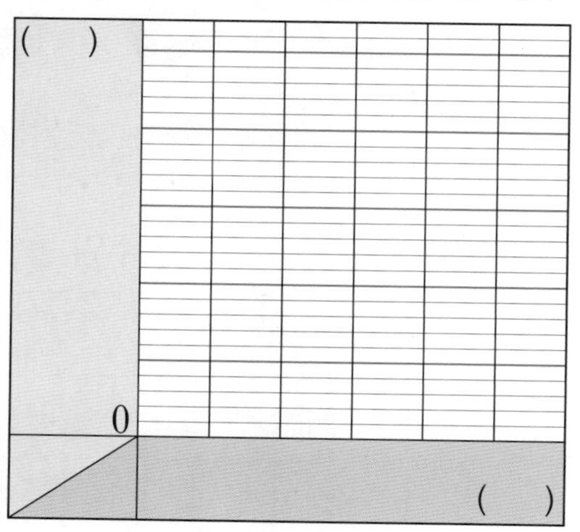

같은 점 ______

다른 점 ______

29a

그림그래프와 막대그래프

이름	
날짜	월 일
시간	: ~ :

그림그래프와 막대그래프의 활용 ①

● 어느 음식점에서 일주일 동안 팔린 음식의 수를 조사하여 표와 그래프로 나타내었습니다. 물음에 답하세요.

(가) 일주일 동안 팔린 음식의 수

음식	비빔밥	떡국	된장찌개	삼계탕	합계
그릇 수(그릇)	410	240	320	330	1300

(나) 일주일 동안 팔린 음식의 수

(다) 일주일 동안 팔린 음식의 수

비빔밥
떡국
된장찌개
삼계탕
음식
그릇 수
0 50 100 150 200 250 300 350 400
(그릇)

1 ㈎, ㈏, ㈐ 중 일주일 동안 팔린 음식별 그릇 수를 알아보기에 편리한 것은 어느 것인가요?

( )

2 ㈎, ㈏, ㈐ 중 일주일 동안 팔린 음식별 그릇 수를 그림으로 나타낸 것은 어느 것인가요?

( )

3 ㈎, ㈏, ㈐ 중 일주일 동안 팔린 음식별 그릇 수를 막대 모양으로 나타낸 것은 어느 것인가요?

( )

4 일주일 동안 가장 많이 팔린 음식부터 순서대로 써 보세요.

( )

5 내가 음식점 주인이라면 다음 주에는 어떤 음식을 더 많이 또는 더 적게 준비하면 좋을지 써 보세요.

____

이름	
날짜	월 일
시간	: ~ :

 그림그래프와 막대그래프의 활용 ②

● 슬기네 반 학생들이 좋아하는 간식을 두 가지씩 조사하였습니다. 물음에 답하세요.

학생들이 좋아하는 간식

김밥 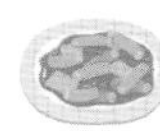 떡볶이  만두 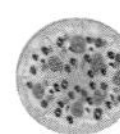 피자  치킨

1 조사한 자료를 보고 표, 그림그래프, 막대그래프로 나타내어 보세요.

학생들이 좋아하는 간식

간식	김밥	떡볶이	만두	피자	치킨	합계
학생 수(명)						

학생들이 좋아하는 간식

간식	학생 수
김밥	
떡볶이	
만두	
피자	
치킨	

10명 1명

학생들이 좋아하는 간식

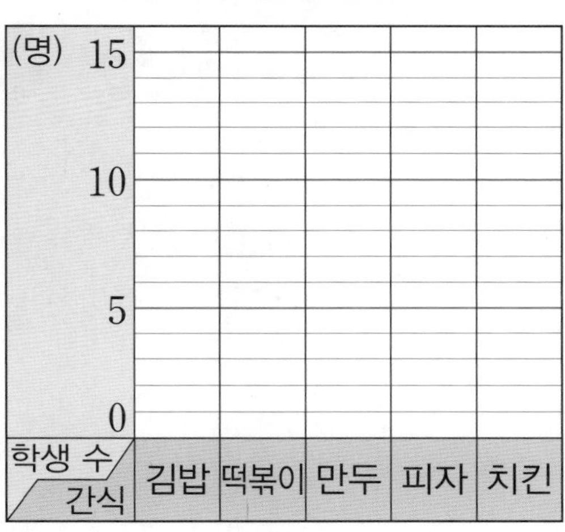

2 학교에서 간식을 한 가지만 만든다면 어떤 간식을 만드는 것이 좋을까요? 그렇게 생각한 이유는 무엇인가요?

( )

그림그래프와 막대그래프

이름	
날짜	월 일
시간	: ~ :

그림그래프와 막대그래프의 활용 ③

● 도영이네 학교 학생들이 태어난 계절을 조사하였습니다. 물음에 답하세요.

학생들이 태어난 계절

봄(3~5월)	여름(6~8월)	가을(9~11월)	겨울(12~2월)

1 무엇을 조사하였나요?

( )

2 조사한 자료를 보고 표로 나타내어 보세요.

학생들이 태어난 계절

계절	봄	여름	가을	겨울	합계
학생 수(명)					

3 조사한 자료를 표로 나타내면 좋은 점은 무엇인가요?

4 2번에서 완성한 표를 보고 그림그래프와 막대그래프로 나타내어 보세요.

학생들이 태어난 계절

계절	학생 수
봄	
여름	
가을	
겨울	

☺ 10명 ☺ 1명

학생들이 태어난 계절

계절	
봄	
여름	
가을	
겨울	
계절 / 학생 수	0 10 20 30 40 50 (명)

5 표를 그림그래프와 막대그래프로 나타내면 좋은 점은 무엇인가요?

____

6 그림그래프와 막대그래프의 같은 점을 써 보세요.

____

7 그림그래프와 막대그래프의 다른 점을 써 보세요.

____

막대그래프와 꺾은선그래프

이름	
날짜	월 일
시간	: ~ :

막대그래프와 꺾은선그래프의 활용 ①

● 보라는 6일 간격으로 매일 오후 6시에 강낭콩의 키를 조사하여 표와 그래프로 나타내었습니다. 물음에 답하세요.

(가) 강낭콩의 키

날짜(일)	1	7	13	19	25
키(cm)	3	6	11	25	29

(나) 강낭콩의 키

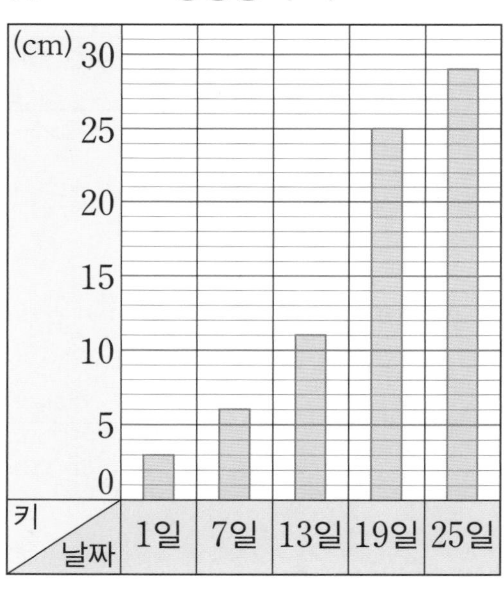

(다) 강낭콩의 키

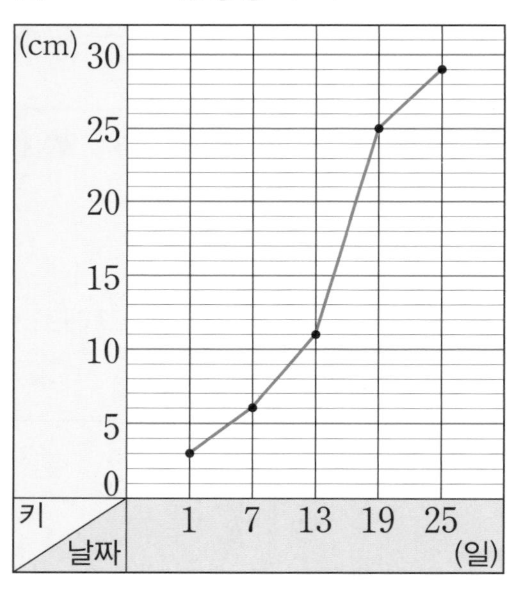

1 무엇을 조사하였나요?

( )

2 (가), (나), (다) 중 강낭콩의 날짜별 키를 알아보기 쉬운 것은 어느 것인가요?

( )

3 ㈎, ㈏, ㈐ 중 강낭콩의 날짜별 키의 크고 작음을 한눈에 알아보기 쉬운 것은 어느 것인가요?

( )

4 ㈎, ㈏, ㈐ 중 강낭콩의 날짜별 키의 변화를 한눈에 알아보기 쉬운 것은 어느 것인가요?

( )

5 13일에는 7일보다 강낭콩의 키가 몇 cm 더 많이 자랐나요?

( ) cm

6 강낭콩의 키가 가장 많이 자란 때는 며칠과 며칠 사이인가요?

□일과 □일 사이

7 16일에는 강낭콩의 키가 몇 cm였을까요? 그렇게 생각한 이유는 무엇인가요?

( ) cm

막대그래프와 꺾은선그래프

이름	
날짜	월 일
시간	: ~ :

막대그래프와 꺾은선그래프의 활용 ②

● 12월 중 하루의 기온 변화를 조사하였습니다. 물음에 답하세요.

12월 하루 기온

1 조사한 자료를 보고 표, 막대그래프, 꺾은선그래프로 나타내어 보세요.

12월 하루 기온

시각(시)	오전 11	낮 12	오후 1	오후 2	오후 3
기온(℃)					

12월 하루 기온

(℃)					
10					
5					
0					
기온 / 시각	오전 11시	낮 12시	오후 1시	오후 2시	오후 3시

12월 하루 기온

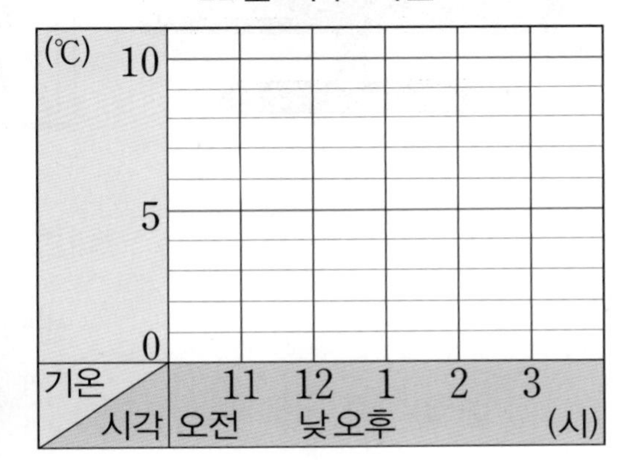

2 표를 보고 알 수 있는 내용을 써 보세요.

____

3 그래프를 보고 알 수 있는 내용을 두 가지 써 보세요.

- ____
- ____

34a 막대그래프와 꺾은선그래프

이름	
날짜	월
시간	: ~ :

막대그래프와 꺾은선그래프의 활용 ③

● 현호가 살고 있는 지역의 월별 평균 기온을 조사하였습니다. 물음에 답하세요.

월별 평균 기온

1 조사한 자료를 보고 표, 막대그래프, 꺾은선그래프로 나타내어 보세요.

월별 평균 기온

월(월)	7	8	9	10	11	12
기온(℃)						

월별 평균 기온

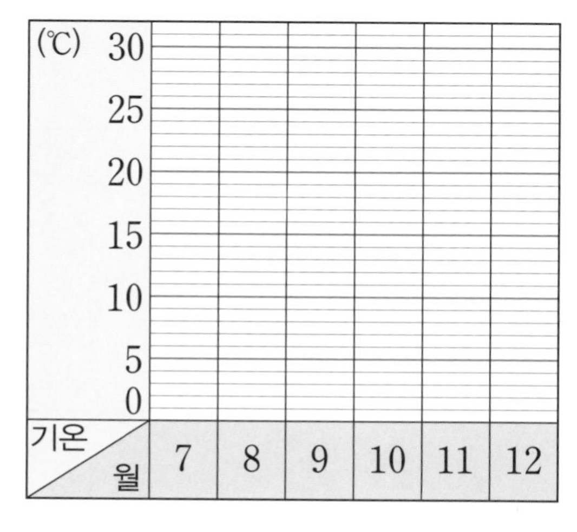

월별 평균 기온

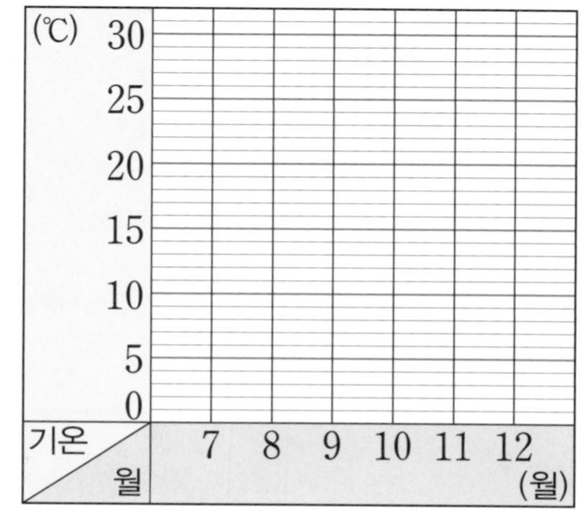

2 표, 막대그래프, 꺾은선그래프 중 월별 평균 기온을 알아보기 쉬운 것은 어느 것인가요?

( )

3 표, 막대그래프, 꺾은선그래프 중 기온의 높고 낮음을 한눈에 알아보기 쉬운 것은 어느 것인가요?

( )

4 표, 막대그래프, 꺾은선그래프 중 기온의 변화를 한눈에 알아보기 쉬운 것은 어느 것인가요?

( )

5 막대그래프와 꺾은선그래프의 같은 점을 써 보세요.

____

6 막대그래프와 꺾은선그래프의 다른 점을 써 보세요.

____

35a 그래프의 활용

이름	
날짜	월 일
시간	: ~ :

그림그래프, 막대그래프, 꺾은선그래프의 활용 ①

● 어느 서점에서 4일 동안 팔린 책의 수를 조사하여 그래프로 나타내었습니다. 물음에 답하세요.

(가) 팔린 책의 수

요일	책의 수
월	
화	
수	
목	

100권

10권

(나) 팔린 책의 수

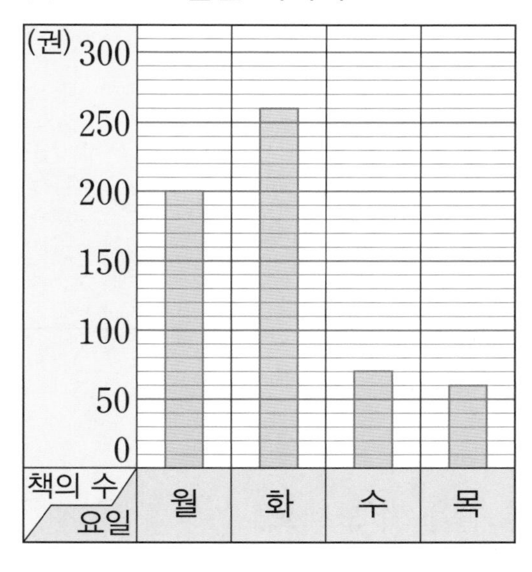

(다) 팔린 책의 수

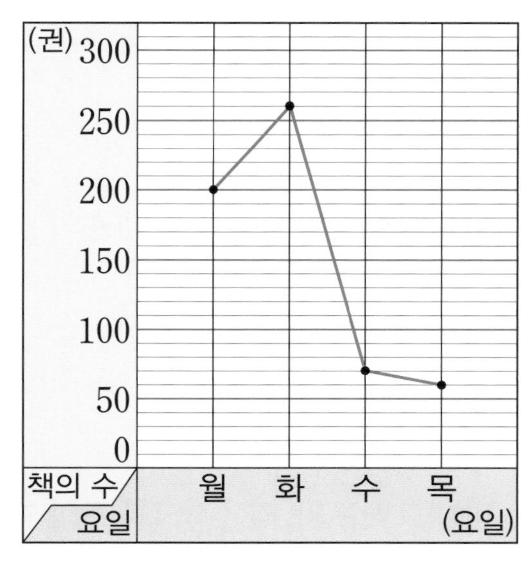

1 ㈎ 그래프에서 그림 , 은 각각 몇 권을 나타내고 있나요?

( )권, ( )권

2 ㈎ 그래프를 보고 요일별 팔린 책의 수를 말해 보세요.

월 ( )권, 화 ( )권
수 ( )권, 목 ( )권

3 ㈏, ㈐ 그래프에서 가로와 세로는 각각 무엇을 나타내나요?

가로 ( ), 세로 ( )

4 ㈏, ㈐ 그래프에서 세로 눈금 한 칸은 각각 몇 권을 나타내나요?

㈏ ( )권, ㈐ ( )권

5 어느 서점에서 4일 동안 팔린 책은 모두 몇 권인가요?

( )권

36a

그래프의 활용

그림그래프, 막대그래프, 꺾은선그래프의 활용 ②

● 예슬이가 여러 나라의 11월 최고 기온을 조사하여 그래프로 나타내었습니다. 물음에 답하세요.

(가) 11월 최고 기온

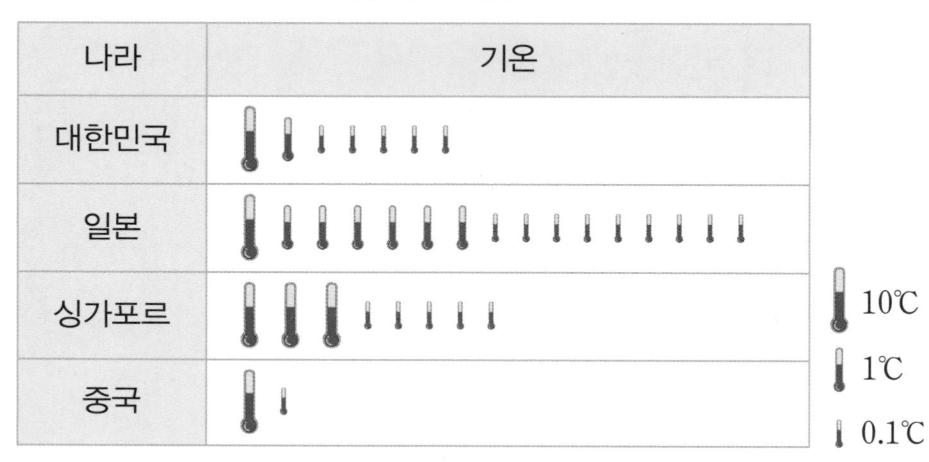

(나) 11월 최고 기온

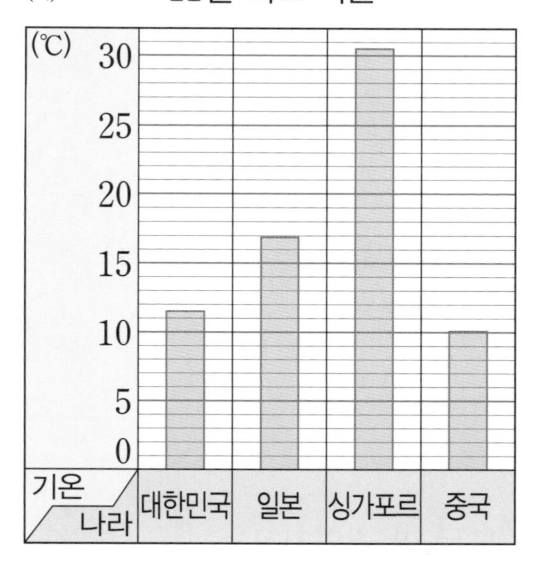

(다) 11월 최고 기온

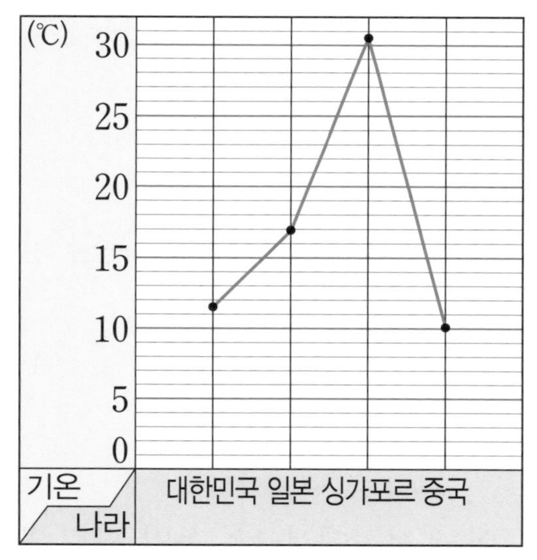

1 나라별 11월 최고 기온을 말해 보세요.

대한민국 ( )℃, 일본 ( )℃

싱가포르 ( )℃, 중국 ( )℃

2 ㈏ 그래프에서 막대의 길이는 무엇을 나타내나요?

( )

3 11월 최고 기온이 가장 높은 나라는 어느 나라인가요?

( )

4 11월 최고 기온이 가장 높은 나라와 가장 낮은 나라의 기온의 차는 몇 ℃인가요?

( )℃

5 ㈎, ㈏, ㈐ 그래프 중 여러 나라의 기온을 나타내기에 가장 알맞은 그래프는 어느 것인가요? 그렇게 생각한 이유는 무엇인가요?

( )

그래프의 활용

이름	
날짜	월 일
시간	: ~ :

그림그래프, 막대그래프, 꺾은선그래프의 활용 ③

● 한솔이가 모둠발로 뒤로 줄넘기를 한 개수를 조사하여 그래프로 나타내었습니다. 물음에 답하세요.

(가) 모둠발로 뒤로 줄넘기를 한 개수

요일	개수
월	
화	
수	
목	
금	

10개

1개

(나) 모둠발로 뒤로 줄넘기를 한 개수

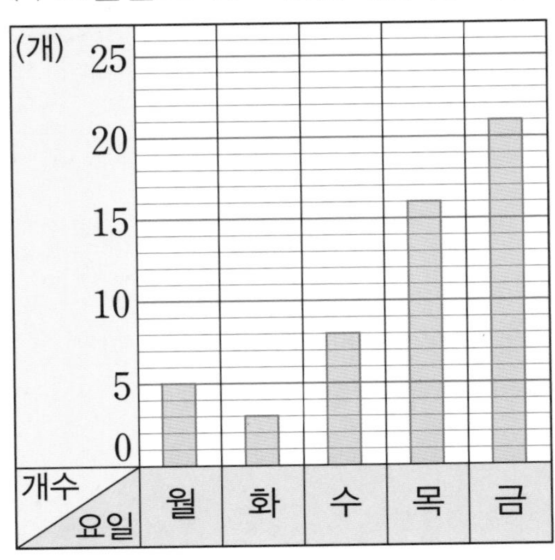

(다) 모둠발로 뒤로 줄넘기를 한 개수

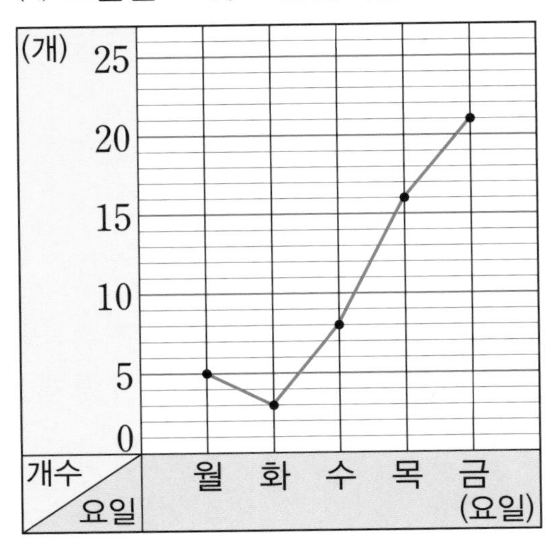

1 기록이 가장 좋은 때는 무슨 요일인가요?

( )요일

2 기록이 수요일의 2배인 요일은 무슨 요일인가요?

( )요일

3 전날과 비교하여 기록이 좋지 않은 때는 무슨 요일인가요?

( )요일

4 전날과 비교하여 기록이 가장 많이 좋아진 때는 무슨 요일인가요?

( )요일

5 ㈎, ㈏, ㈐ 그래프 중 줄넘기를 한 개수를 나타내기에 가장 알맞은 그래프는 어느 것인가요? 그렇게 생각한 이유는 무엇인가요?

( )

그래프의 활용

이름	
날짜	월 일
시간	: ~ :

그림그래프, 막대그래프, 꺾은선그래프의 활용 ④

● 단비네 반 학생들이 좋아하는 민속놀이를 조사하여 표로 나타내었습니다. 물음에 답하세요.

학생들이 좋아하는 민속놀이

민속놀이	연날리기	제기차기	팽이치기	윷놀이	합계
학생 수(명)	6		12	8	30

1 제기차기를 좋아하는 학생은 몇 명인가요?

( )명

2 팽이치기를 좋아하는 학생은 연날리기를 좋아하는 학생보다 몇 명 더 많은가요?

( )명

3 표를 보고 그림그래프로 나타내어 보세요.

학생들이 좋아하는 민속놀이

민속놀이	학생 수
연날리기	
제기차기	
팽이치기	
윷놀이	

(큰 얼굴) 10명
(작은 얼굴) 1명

4 표를 보고 막대그래프로 나타내어 보세요.

학생들이 좋아하는 민속놀이

(명) 학생 수 / 민속놀이	연날리기	제기차기	팽이치기	윷놀이
15				
10				
5				
0				

이름	
날짜	월 일
시간	: ~ :

그림그래프, 막대그래프, 꺾은선그래프의 활용 ⑤

● 지혜는 기탄공부방에 오는 4학년 학생 수를 요일별로 조사하였습니다. 물음에 답하세요.

기탄공부방에 오는 요일별 4학년 학생 수

월	화	수	목	금
●●●●● ●●●●● ●●●●● ●●●●● ●●●●● ●●	●●●●● ●●●●● ●●●●● ●●●●	●●●●● ●●●●● ●●●●● ●●●●● ●●●●● ●●●●●	●●●●● ●●●●● ●●●●● ●●●●● ●●	●●●●● ●●●●● ●●●●●

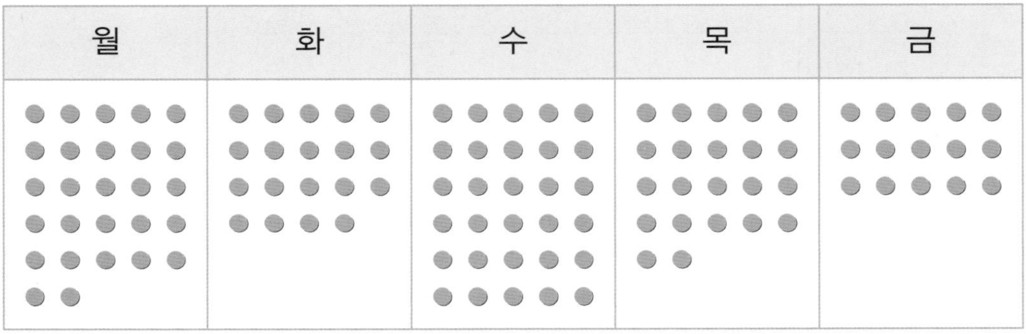

1 지혜가 조사한 것은 무엇인가요?

( )

2 조사한 자료를 보고 표로 나타내어 보세요.

기탄공부방에 오는 요일별 4학년 학생 수

요일	월	화	수	목	금	합계
학생 수(명)						

3 조사한 학생은 모두 몇 명인가요?

( )명

4 2번의 표를 보고 막대그래프로 나타내어 보세요.

기탄공부방에 오는 요일별 4학년 학생 수

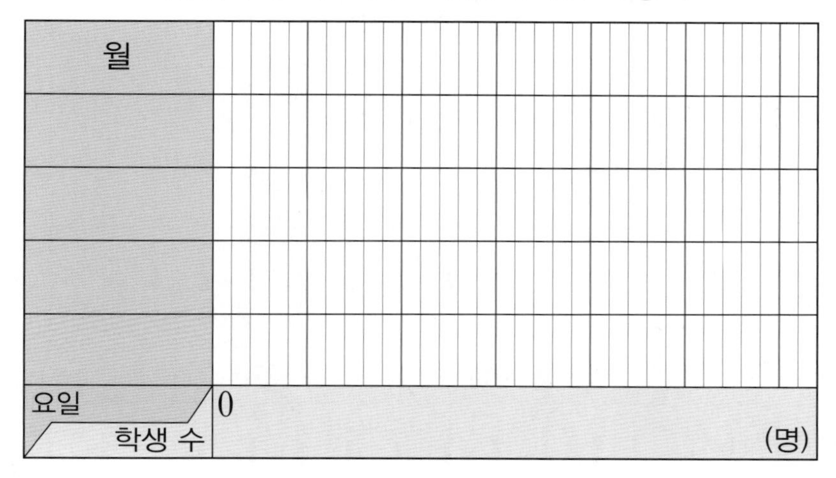

5 2번의 표를 보고 꺾은선그래프로 나타내어 보세요.

기탄공부방에 오는 요일별 4학년 학생 수

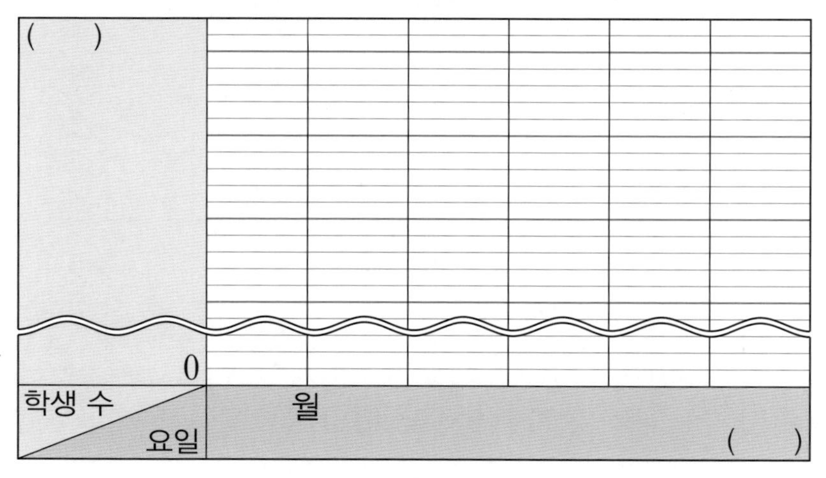

그래프의 활용

이름	
날짜	월 일
시간	: ~ :

그림그래프, 막대그래프, 꺾은선그래프의 활용 ⑥

● 하루 동안 시간대별 운동장의 기온 변화를 조사하여 그림그래프로 나타내었습니다. 물음에 답하세요.

운동장의 기온

시각	기온
오전 9시	[10℃] [1℃] [1℃]
낮 12시	[10℃] [1℃] [1℃] [1℃] [1℃] [1℃] [1℃] [1℃] [1℃] [1℃]
오후 3시	[10℃] [10℃] [1℃]
오후 6시	[10℃] [1℃] [1℃] [1℃] [1℃] [1℃] [1℃] [1℃] [1℃]
오후 9시	[10℃] [1℃] [1℃] [1℃] [1℃]

(큰 온도계) 10℃
(작은 온도계) 1℃

1 그림그래프를 보고 막대그래프로 나타내어 보세요.

운동장의 기온

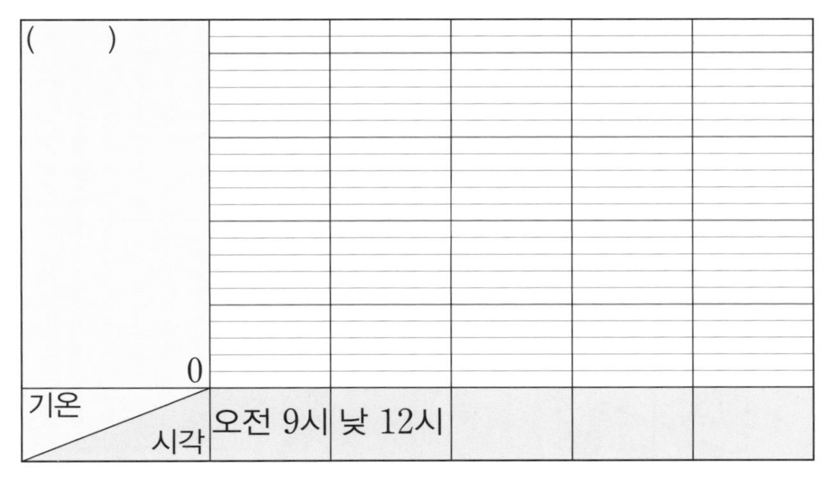

2 그림그래프를 보고 꺾은선그래프로 나타내어 보세요.

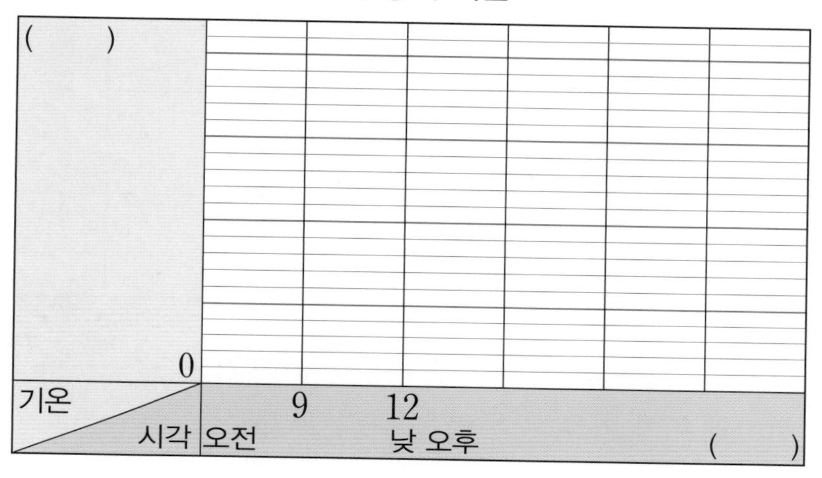

3 기온이 가장 높은 때는 몇 시인가요?

(　　　　　　　　)시

4 오후 1시 30분에 운동장의 기온은 몇 ℃였을까요? 그렇게 생각한 이유는 무엇인가요?

(　　　　　　　　)℃

다음 학습 연관표

3과정 꺾은선그래프/그래프 종합 → 5과정 여러 가지 그래프

이 름	
실시 연월일	년 월 일
걸린 시간	분 초
오답 수	/ 14

[1~4] 어느 지역의 기온이 영하로 내려간 날수를 월별로 나타낸 꺾은선그래프입니다. 물음에 답하세요.

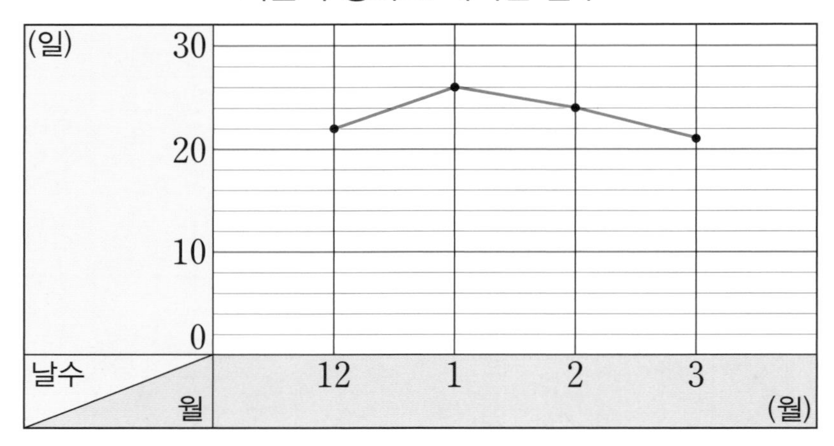

1 꺾은선그래프의 가로는 무엇을 나타내나요?

( )

2 세로 눈금 한 칸은 며칠을 나타내나요?

( )일

3 기온이 영하로 내려간 날수가 가장 많은 때는 몇 월인가요?

( )월

4 세로 눈금에 물결선을 넣는다면 며칠과 며칠 사이에 넣으면 좋을까요?

□일과 □일 사이

[5~7] 소영이가 운동장에서 낮 12시부터 오후 4시까지 1시간 간격으로 모래의 온도를 재어 나타낸 표입니다. 물음에 답하세요.

시각별 모래의 온도

시각	낮 12시	오후 1시	오후 2시	오후 3시	오후 4시
온도(℃)	19.7	19.9	20.4	20.2	20.1

5 표를 보고 꺾은선그래프로 나타내어 보세요.

시각별 모래의 온도

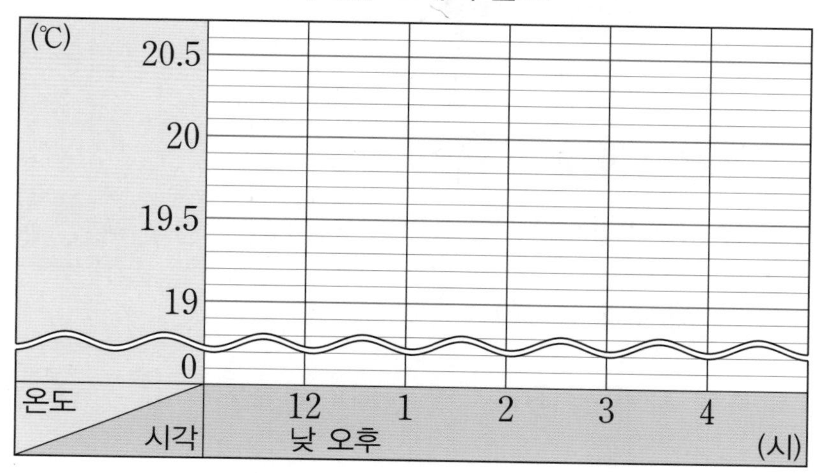

6 모래의 온도가 가장 많이 변한 때는 몇 시와 몇 시 사이인가요?

[　　]시와 [　　]시 사이

7 오후 5시에 모래의 온도는 어떻게 될 것이라고 예상할 수 있나요?

(　　　　　　　　　　　　)

[8~10] 마을별 사과 생산량을 조사하여 그림그래프와 막대그래프로 나타내었습니다. 물음에 답하세요.

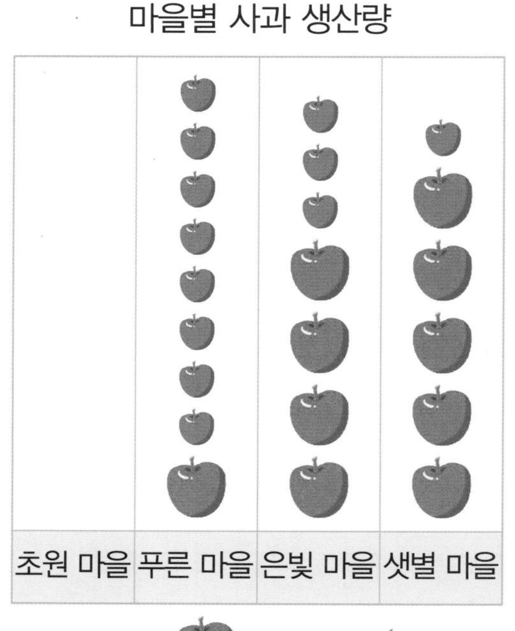

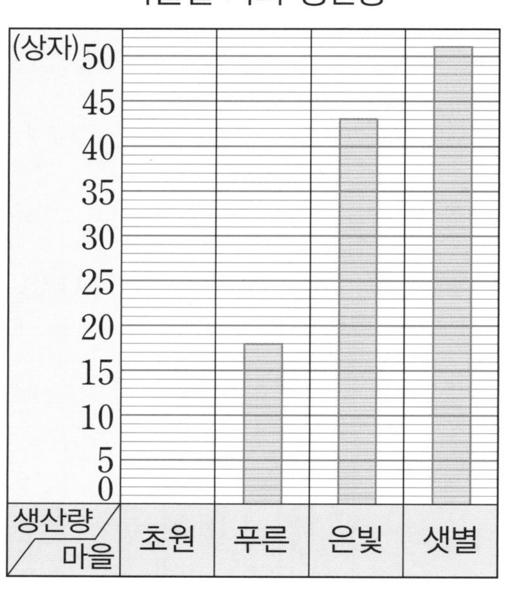

8 은빛 마을의 사과 생산량은 몇 상자인가요?

( )상자

9 초원 마을의 사과 생산량은 푸른 마을의 사과 생산량의 2배입니다. 초원 마을의 사과 생산량은 몇 상자인가요?

( )상자

10 사과 생산량이 가장 많은 마을부터 순서대로 써 보세요.

( )

[11～14] 매년 6월에 세란이의 키를 조사하여 막대그래프와 꺾은선그래프로 나타내었습니다. 물음에 답하세요.

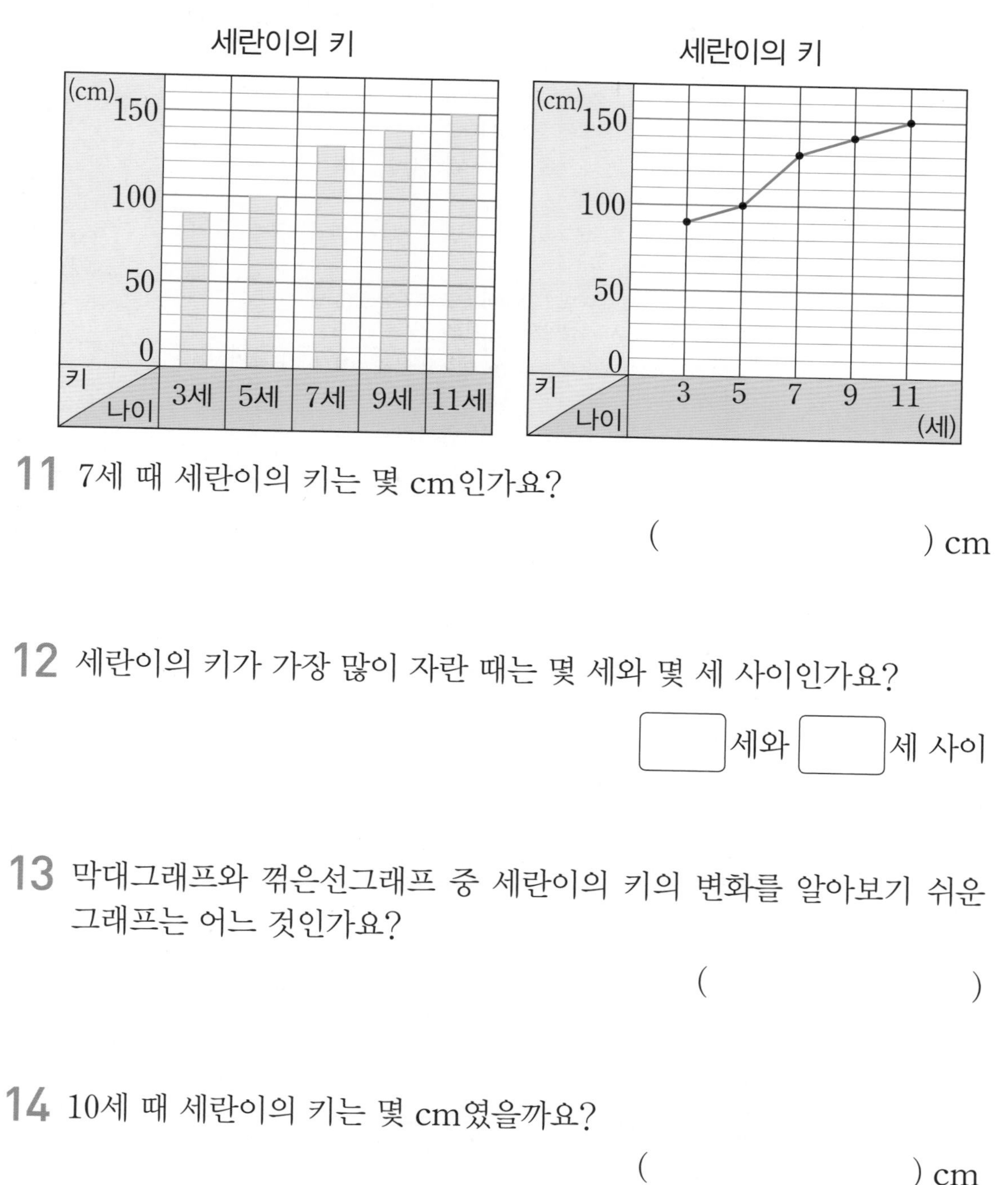

11 7세 때 세란이의 키는 몇 cm인가요?

( ) cm

12 세란이의 키가 가장 많이 자란 때는 몇 세와 몇 세 사이인가요?

☐세와 ☐세 사이

13 막대그래프와 꺾은선그래프 중 세란이의 키의 변화를 알아보기 쉬운 그래프는 어느 것인가요?

( )

14 10세 때 세란이의 키는 몇 cm였을까요?

( ) cm

성취도 테스트 결과표

3과정 꺾은선그래프 / 그래프 종합

번호	평가 요소	평가 내용	결과(O, X)	관련 내용
1	꺾은선그래프 알아보기	꺾은선그래프의 가로는 무엇을 나타내는지 확인해 보는 문제입니다.		1a
2		꺾은선그래프의 세로 눈금 한 칸은 며칠을 나타내는지 확인해 보는 문제입니다.		1a
3	꺾은선그래프의 내용 알아보기	꺾은선그래프를 보고 기온이 영하로 내려간 날수가 가장 많은 때를 알아보는 문제입니다.		4a
4		물결선을 며칠과 며칠 사이에 넣으면 좋은지를 물어보는 문제입니다.		7a
5	꺾은선그래프 그리기	표를 보고 꺾은선그래프로 나타낼 수 있는지 확인해 보는 문제입니다.		9a
6	꺾은선그래프의 활용	꺾은선그래프를 보고 모래의 온도가 가장 많이 변한 때는 몇 시와 몇 시 사이인지를 알아보는 문제입니다.		17a
7		꺾은선그래프를 보고 나중에 일어날 일을 예상해 보는 문제입니다.		18a
8	그림그래프와 막대그래프	그림그래프 또는 막대그래프를 보고 은빛 마을의 사과 생산량을 구해 보는 문제입니다.		29a
9		주어진 조건을 이용하여 초원 마을의 사과 생산량을 구해 보는 문제입니다.		29a
10		그림그래프 또는 막대그래프를 보고 사과 생산량이 가장 많은 마을부터 순서대로 써 보는 문제입니다.		29a
11	막대그래프와 꺾은선그래프	막대그래프 또는 꺾은선그래프를 보고 7세 때 세란이의 키를 알아보는 문제입니다.		32a
12		막대그래프 또는 꺾은선그래프를 보고 세란이의 키가 가장 많이 자란 때는 언제인지 알아보는 문제입니다.		32a
13		막대그래프와 꺾은선그래프 중 세란이의 키의 변화를 알아보기 쉬운 그래프는 어느 것인지 알아보는 문제입니다.		32a
14		막대그래프 또는 꺾은선그래프를 보고 10세 때 세란이의 키를 예상해 보는 문제입니다.		32a

평가	□ A등급(매우 잘함)	□ B등급(잘함)	□ C등급(보통)	□ D등급(부족함)
오답 수	0~1	2~3	4~5	6~

- A, B등급 : 다음 교재를 시작하세요.
- C등급 : 틀린 부분을 다시 한번 더 공부한 후, 다음 교재를 시작하세요.
- D등급 : 본 교재를 다시 구입하여 복습한 후, 다음 교재를 시작하세요.

1ab

1 꺾은선그래프에 ○표
2 연도, 날수　3 2
4 꺾은선그래프
5 나이, 몸무게　6 1

〈풀이〉

3 세로 눈금 5칸이 10일을 나타내므로 세로 눈금 한 칸은 10÷5=2(일)을 나타냅니다.

6 세로 눈금 5칸이 5 kg을 나타내므로 세로 눈금 한 칸은 5÷5=1 (kg)을 나타냅니다.

2ab

1 나이, 키　2 10
3 키에 ○표　4 월, 기온
5 1　6 기온

〈풀이〉

2 세로 눈금 5칸이 50 cm를 나타내므로 세로 눈금 한 칸은 50÷5=10 (cm)를 나타냅니다.

3ab

1 월, 강수량　2 5
3 강수량의 변화　4 월, 판매량
5 100　6 판매량의 변화

〈풀이〉

2 세로 눈금 2칸이 10 mm를 나타내므로 세로 눈금 한 칸은 10÷2=5 (mm)를 나타냅니다.

5 세로 눈금 5칸이 500병을 나타내므로 세로 눈금 한 칸은 500÷5=100(병)을 나타냅니다.

4ab

1 24　2 2015　3 4
4 20　5 9　6 2

〈풀이〉

1 세로 눈금 5칸이 10일을 나타내므로 세로 눈금 한 칸은 2일입니다. 따라서 가로 눈금 2014와 만나는 점의 세로 눈금을 읽으면 24일입니다.

2 세로 눈금 30과 만나는 점의 가로 눈금을 읽으면 2015년입니다.

3 2017년: 16일, 2018년: 12일
따라서 16−12=4(일) 더 줄었습니다.

5ab

1 예 점점 커지고 있습니다.
2 5, 7　3 5, 7　4 5
5 10, 11　6 7, 8

〈풀이〉

1 선분이 오른쪽 위로 올라가는 모양이므로 성훈이의 키가 점점 커지고 있다는 것을 알 수 있습니다.

2~3 성훈이의 키가 가장 많이 자란 때는 선분이 가장 많이 기울어진 5세와 7세 사이입니다.

6ab

1 4　2 5　3 6
4 8　5 9　6 7

〈풀이〉

1 강수량이 가장 적은 때는 점이 가장 낮게 찍힌 4월입니다.

2 전달과 비교하여 강수량이 늘어난 때는 선분이 오른쪽 위로 기울어진 5월입니다.

3 전달과 비교하여 강수량이 가장 많이 줄어든 때는 선분이 오른쪽 아래로 가장 많이 기울어진 6월입니다.

7ab

1 연도, 물결선　　2 작아서에 ○표
3 물결선　　4 ㈎ 1 ㈏ 0.1
5 ㈏ 그래프

8ab

1 황사가 발생하여 계속된 날수
2 16　　3 2015
4 낮 12　　5 0.4
6 낮 12, 오후 2

〈풀이〉

2 세로 눈금 한 칸이 1일이므로 2016년에 황사가 발생하여 계속된 날수는 16일입니다.

5 세로 눈금 한 칸이 0.1℃이므로 오후 4시에는 오후 2시보다 온도가 16−15.6=0.4(℃) 더 내렸습니다.

9ab

1 키　　2 12　　3 예 1
4~6

토마토 싹의 키

(cm) 15 10 5 0
㉠ 키 ㉡ 날짜
2 9 16 23 30 (일)

〈풀이〉

2 토마토 싹의 가장 큰 키까지 나타낼 수 있어야 합니다. 따라서 세로 눈금은 적어도 12 cm까지 나타낼 수 있어야 합니다.

3 토마토 싹의 키는 1 cm부터 12 cm까지 변화하므로 세로 눈금 한 칸은 1 cm를 나타내는 것이 좋습니다.

10ab

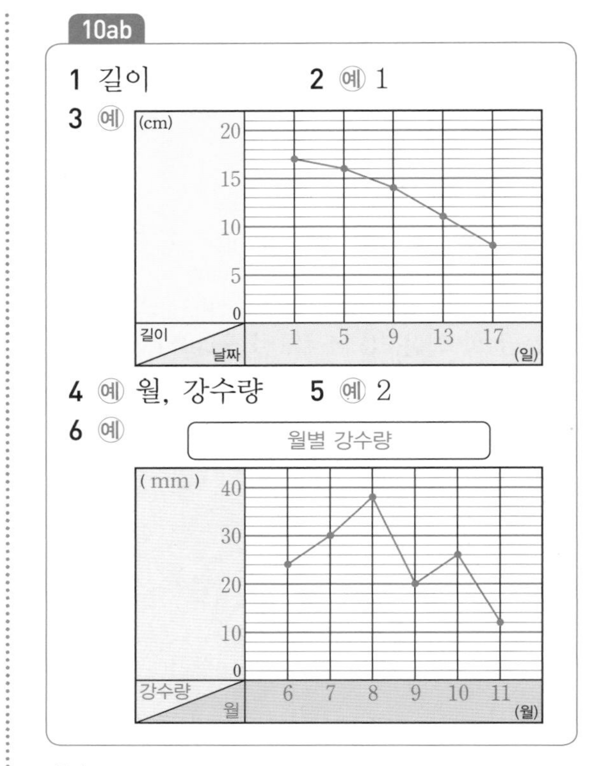

〈풀이〉

5 강수량이 가장 적을 때는 12 mm, 가장 많을 때는 38 mm이므로 세로 눈금 한 칸은 2 mm를 나타내는 것이 좋습니다.

11ab

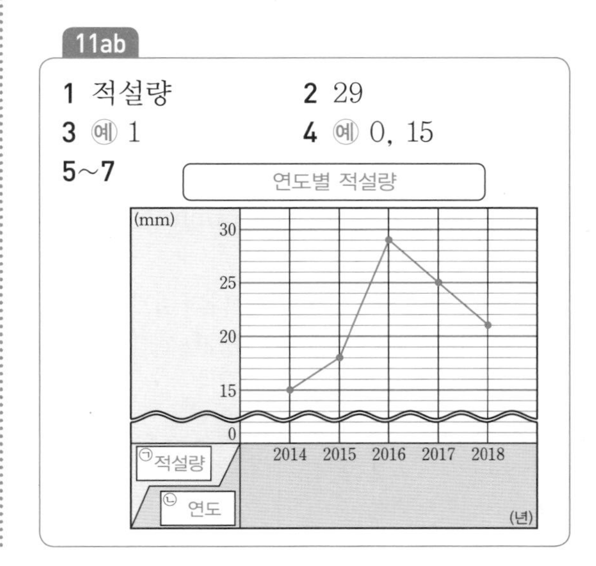

3과정 정답과 풀이

〈풀이〉

4 0 mm와 15 mm 사이에 자료의 값이 없으므로 물결선을 0 mm와 15 mm 사이에 넣으면 좋습니다.

12ab

1 예 1 **2** 예 0, 70

3 예

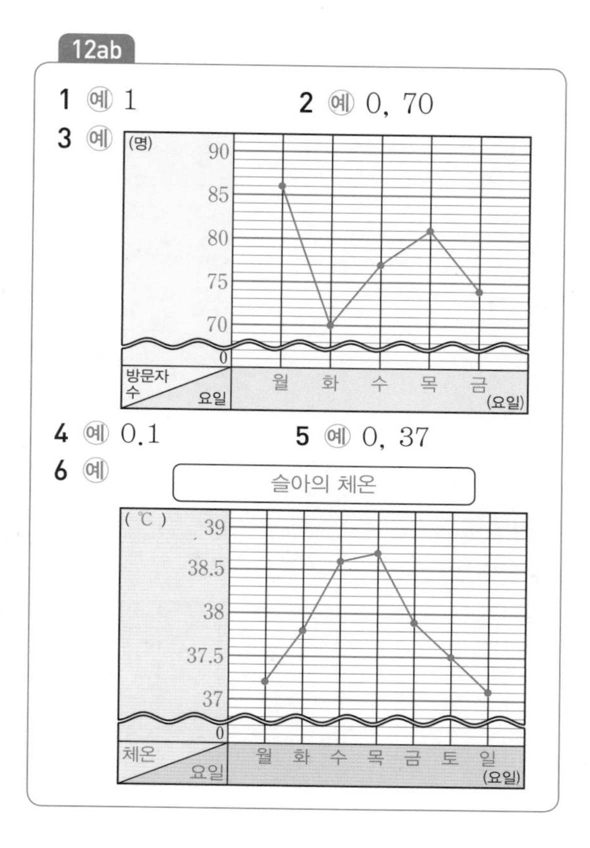

4 예 0.1 **5** 예 0, 37

6 예

13ab

1 11, 15, 12, 4 **2** 예 월, 날수

3 15 **4** 예 1

5 예

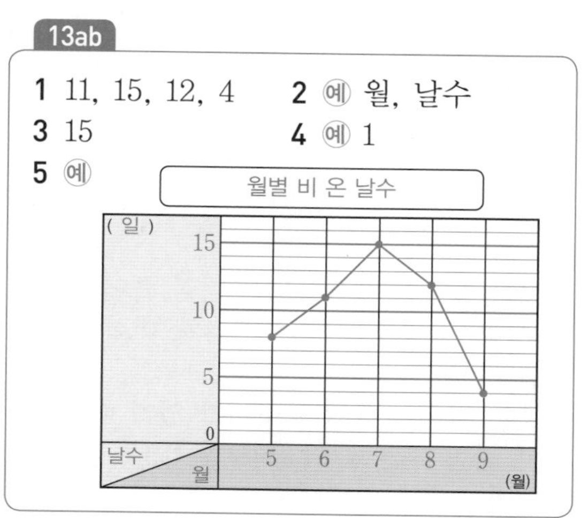

〈풀이〉

3 비가 온 가장 많은 날수까지 나타낼 수 있도록 해야 합니다.

14ab

1 6, 8, 10, 13, 15, 18

예

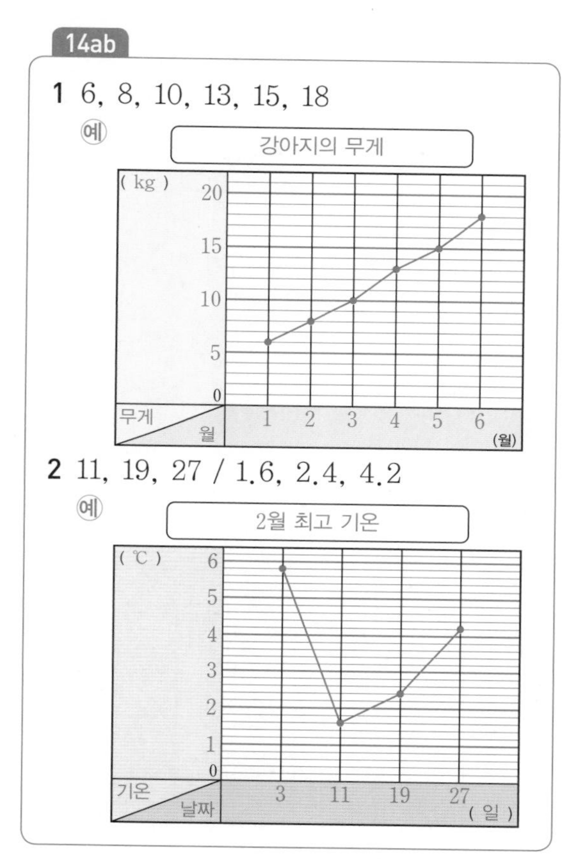

2 11, 19, 27 / 1.6, 2.4, 4.2

예

〈풀이〉

※ 꺾은선그래프를 그릴 때, 가로 눈금에는 시간의 흐름을 나타내고 세로 눈금에는 변화하는 양을 나타냅니다.

15ab

1 26, 20, 28, 30

2 예 날짜, 횟수

3 30

4 예 1

5 예 0, 15

6 예

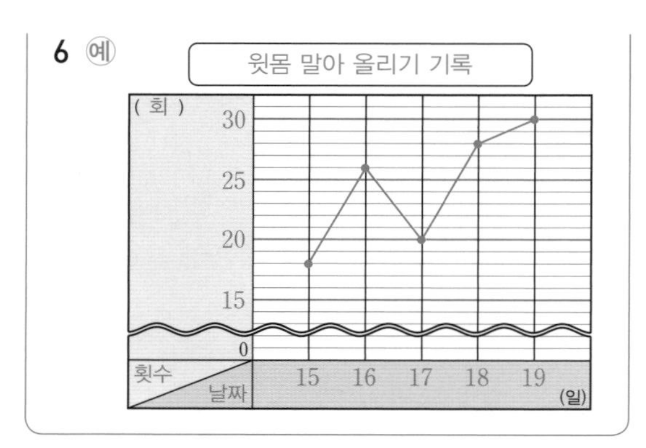

〈풀이〉

3 가장 많은 윗몸 말아 올리기 횟수까지 나타낼 수 있도록 해야 합니다.

17ab

1 70, 79

2

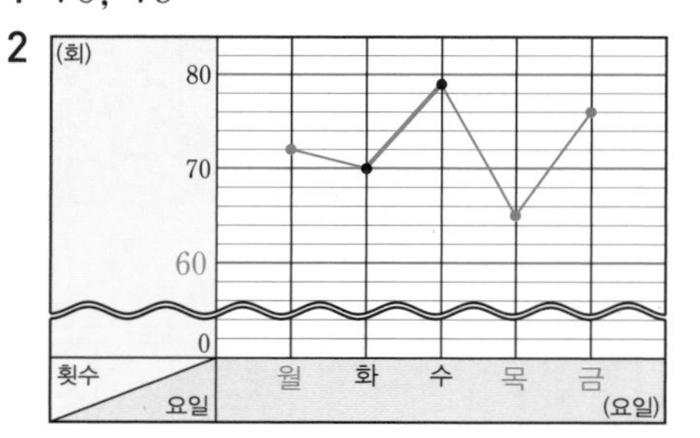

3 수

4 화요일, 목요일

5 금

16ab

1 122, 125, 133, 140

예

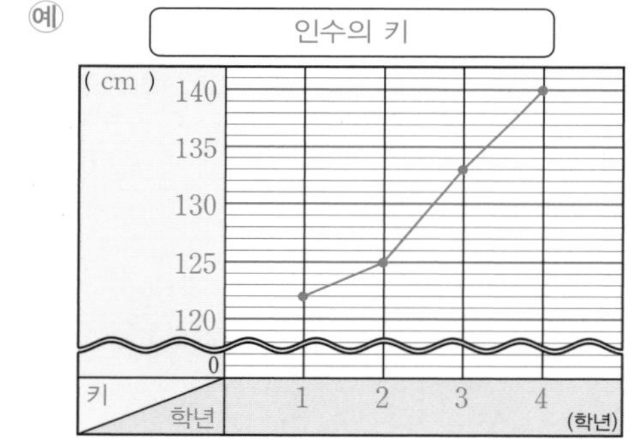

2 2015, 2016, 2017, 2018, 2019 / 54, 67, 61, 53, 58

예

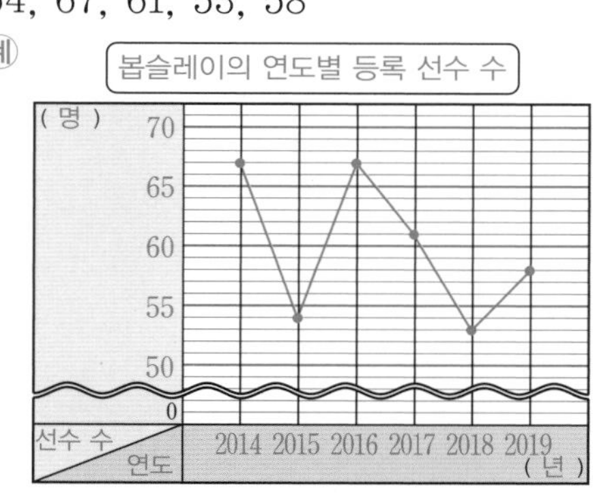

18ab

1 36.8, 36.6

2

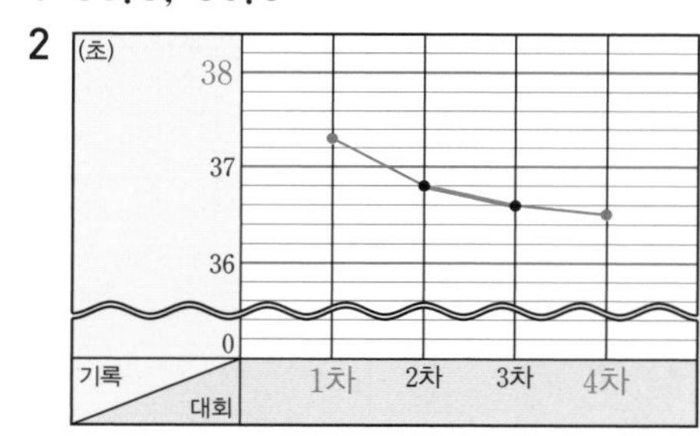

3 예 점점 좋아지고 있습니다.

4 2차, 예 기록 차이가 0.5초로 가장 많이 줄었습니다.

5 예 4차 대회와 비슷할 것 같습니다.

〈풀이〉

5 기록이 좋아지는 정도가 점점 줄어들기 때문에 5차 대회의 기록은 4차 대회와 비슷할 것 같습니다.
또는 기록이 점점 좋아지고 있기 때문에 5차 대회 때는 4차 대회보다 0.1초 정도 더 좋아질 것 같습니다.

19ab

1 250, 190, 줄었습니다에 ○표
2 여학생
3 줄어들에 ○표
4 58, 70
5 2018
6 2019, 142

〈풀이〉

3 선분이 점점 내려가므로 앞으로도 점점 줄어들 것입니다.

6 2015년: 68+66=134(점)
2016년: 60+58=118(점)
2017년: 63+56=119(점)
2018년: 58+68=126(점)
2019년: 70+72=142(점)

20ab

1 연수에 ○표, 승호에 ○표
2 승호
3 예 150, 1학년과 2학년 사이에 4 cm, 2학년과 3학년 사이에 6 cm, 3학년과 4학년 사이에 8 cm 자랐으므로 4학년과 5학년 사이에는 10 cm가 더 자랄 것 같습니다.
4 예 점점 늦어지고 있습니다.
5 예 점점 빨라지고 있습니다.
6 예 7, 7, 비슷한 기울어진 정도로 시각을 예상했습니다.

〈풀이〉

2 조사한 기간 동안 연수는 14 cm, 승호는 18 cm 자랐습니다.

21ab

1 8, 4, 5, 3, 20
2 여행
3 예 방학 동안 여행을 하고 싶은 학생은 8명입니다. / 가장 적은 학생이 방학 동안 하고 싶은 일은 독서입니다.
4 노트북, 세탁기, 냉장고, 에어컨
5 14
6 예 노트북, 노트북 판매량이 가장 많으므로 노트북을 더 많이 준비하는 것이 좋겠습니다.

〈풀이〉

4 냉장고: 12대, 세탁기: 15대
에어컨: 10대, 노트북: 24대
따라서 가장 많이 팔린 전자 제품부터 순서대로 쓰면 노트북, 세탁기, 냉장고, 에어컨입니다.

5 가장 많이 팔린 전자 제품은 노트북(24대)이고, 가장 적게 팔린 전자 제품은 에어컨(10대)입니다.
따라서 노트북이 에어컨보다 24−10=14(대) 더 많이 팔렸습니다.

22ab

1 예 불고기, 외국 학생들과 기탄초등학교 학생들이 가장 많이 좋아하는 한국 음식이 불고기이기 때문입니다.

2 (가)

종목	학생 수
합창	◎◎◎○○○○○○○○
합주	◎○○○○○○○○○○
연극	◎○○○○○○
무용	◎◎○○○○○○○○○

(나)

종목	학생 수
합창	◎◎◎△○○
합주	◎△○○○○
연극	◎△○
무용	◎◎△○○○

23ab

1 박 터뜨리기, 줄다리기
2 예 박 터뜨리기를 하고 싶은 여학생 수와 남학생 수는 비슷하지만 줄다리기를 하고 싶은 여학생 수와 남학생 수는 차이가 납니다.
3 줄다리기
4 (가)

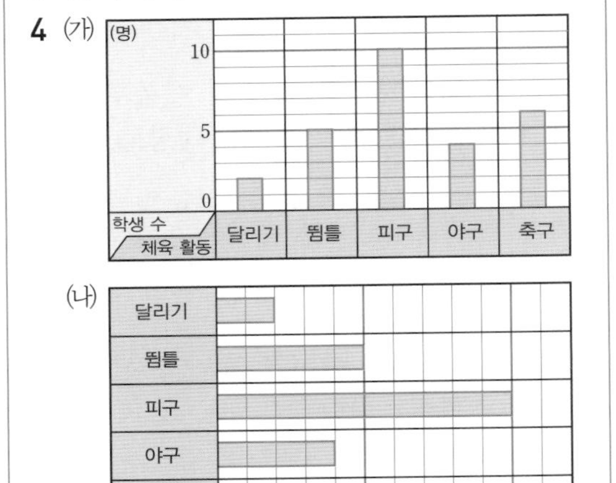

〈풀이〉

3 두 막대의 길이의 차는 공 굴리기 3칸, 달리기 2칸, 줄다리기 8칸, 박 터뜨리기 1칸이므로 여학생 수와 남학생 수의 차가 가장 큰 경기는 줄다리기입니다.

24ab

1 16, 20, 14, 12, 4, 66

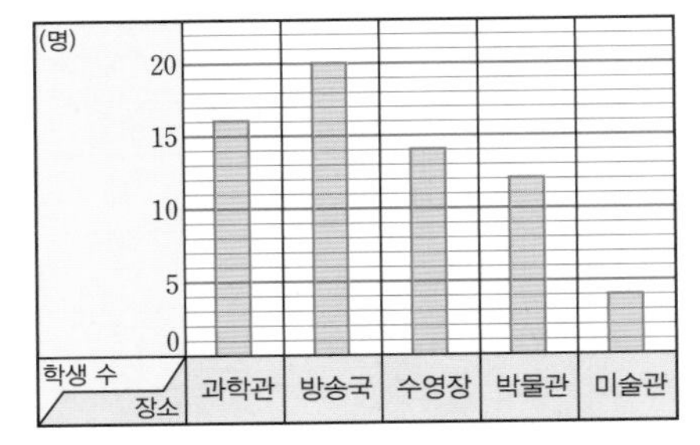

2 표
3 막대그래프
4 방송국, 과학관, 수영장, 박물관, 미술관
5 예 가고 싶은 현장 체험 학습 장소별 학생 수를 나타내었습니다.
6 예 가장 많은 학생이 가고 싶은 현장 체험 학습 장소를 한눈에 알기 쉽습니다.

25ab

1 27, 27 / 27, 26
2

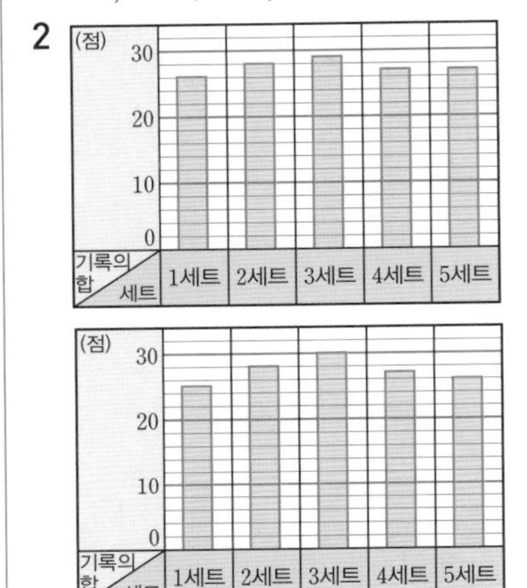

3 6, 4
4 미소, 예 미소가 세트당 얻은 점수의 합이 현아보다 높기 때문입니다.

〈풀이〉

3 미소와 현아의 세트당 얻은 점수

세트 / 이름	1세트	2세트	3세트	4세트	5세트	합계
미소	2	1	0	1	2	6
현아	0	1	2	1	0	4

26ab

1 3, 4, 6, 7, 8, 7
2 오후 2
3 예 오전 10시부터 오후 3시까지에서 기온이 가장 낮은 때는 오전 10시입니다. / 오후 3시 이후에는 기온이 더 내려갈 것 같습니다.

4 식물 ㈐　　5 식물 ㈎

6 식물 ㈏, ㉠ 선이 올라가지 않다가 내려가기 때문입니다.

27ab

1 ㈎

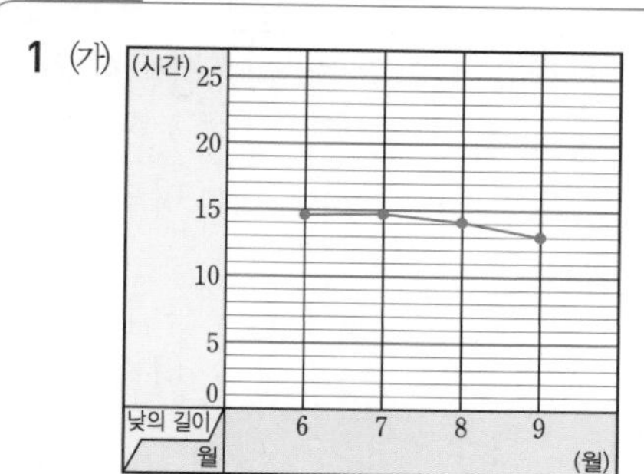

㈏

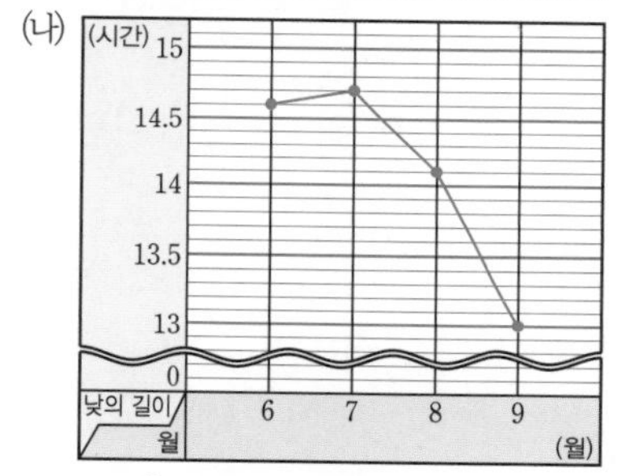

2 ㈏ 그래프, ㉠ 세로 눈금 한 칸이 나타내는 값이 작아서 변화하는 모습이 더 잘 나타납니다.

3 2.2

4 ㉠ 36.4, 5월의 몸무게인 36.2 kg과 9월의 몸무게인 36.6 kg의 중간이 36.4 kg이기 때문입니다.

5 1, 3

〈풀이〉

3 5월: 36.2 kg, 1월: 34 kg
⇨ 36.2−34=2.2 (kg)

28ab

1 ㈎ 그래프, ㉠ ㈎ 그래프가 2014년부터 2018년까지 선분이 더 많이 기울어져 있기 때문에 인구의 변화가 더 큽니다.

2 ㉠ 꺾은선으로 나타내었습니다.

3 ㉠ ㈎ 그래프는 9400명부터 11000명까지 변했고, ㈏ 그래프는 7600명부터 8100명까지 변했습니다.

4 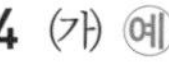

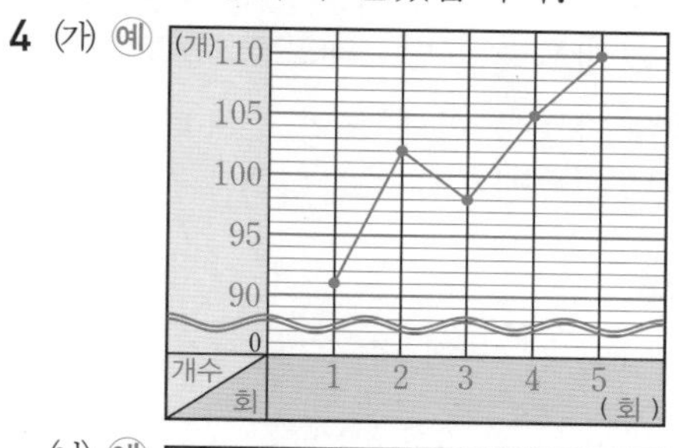

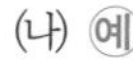

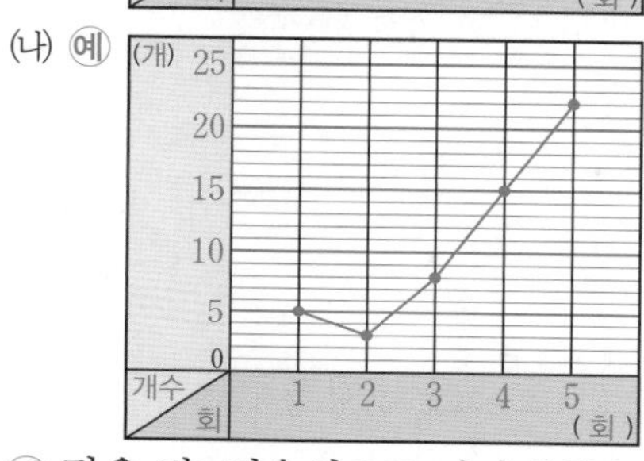

㉠ 같은 점: 꺾은선으로 나타내었습니다.
다른 점: ㈎ 그래프는 물결선을 사용하여 나타내었고, ㈏ 그래프는 물결선을 사용하지 않았습니다.

〈풀이〉

2 마을의 인구를 연도별로 조사하여 나타낸 것입니다.

3 ㈎ 그래프는 눈금이 물결선 위로 9000부터 시작하고, ㈏ 그래프는 눈금이 물결선 위로 7000부터 시작합니다.

29ab

1 ㈎

2 ㈏

3 ㈐

4 비빔밥, 삼계탕, 된장찌개, 떡국

5 ㉠ 떡국의 재료보다 비빔밥의 재료를 더 많이 준비합니다.

〈풀이〉

1 표는 항목별 수량과 합계를 알아보기 쉽습니다.

2 알려고 하는 수(조사한 수)를 그림으로 나타낸 그래프를 그림그래프라고 합니다.

3 조사한 자료를 막대 모양으로 나타낸 그래프를 막대그래프라고 합니다.

30ab

1 10, 14, 7, 6, 3, 40

간식	학생 수
김밥	
떡볶이	
만두	
피자	
치킨	

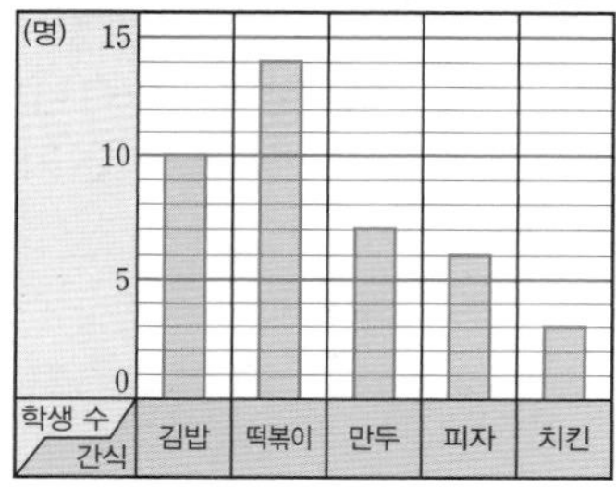

2 ㉠ 떡볶이, 학생들이 가장 많이 좋아하는 간식이 떡볶이라서 떡볶이를 만드는 것이 좋겠습니다.

31ab

1 학생들이 태어난 계절

2 50, 26, 42, 35, 153

3 ㉠ 그림을 일일이 세지 않아도 됩니다.

4

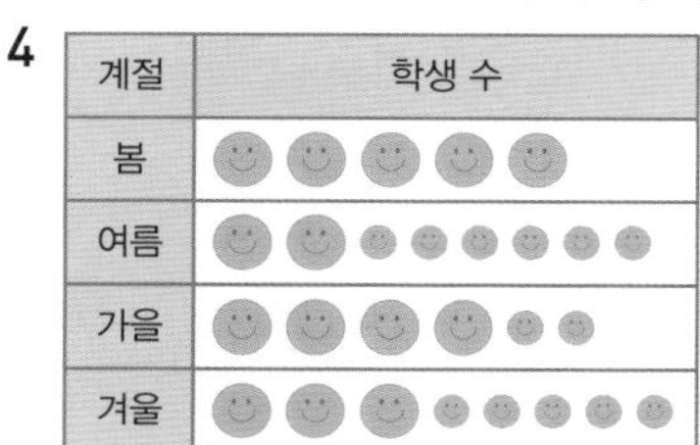

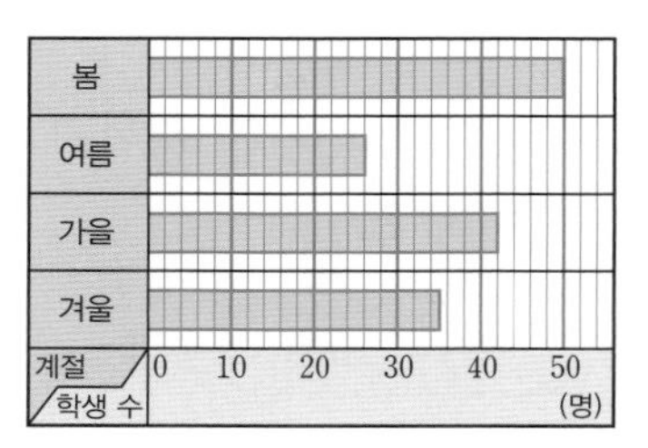

5 ㉠ 학생들이 태어난 계절을 한눈에 알아보기 편리합니다.

6 ㉠ 학생들이 태어난 계절을 나타내었습니다.

7 ㉠ 학생 수를 그림그래프는 사람 그림으로, 막대그래프는 막대로 나타내었습니다.

〈풀이〉

3 각 자료의 수를 바로 알 수 있습니다.

32ab

1 강낭콩의 키

2 ㈎

3 ㈏

4 ㈐

5 5

6 13, 19

7 ㉠ 18, 강낭콩의 키가 13일에는 11 cm, 19일에는 25 cm이므로 16일에는 11 cm와 25 cm의 중간인 18 cm였을 것 같습니다.

〈풀이〉

5 강낭콩의 키가 13일에는 11 cm, 7일에는 6 cm이므로 11−6=5 (cm) 더 많이 자랐습니다.

33ab

1 3, 5, 6, 7, 6

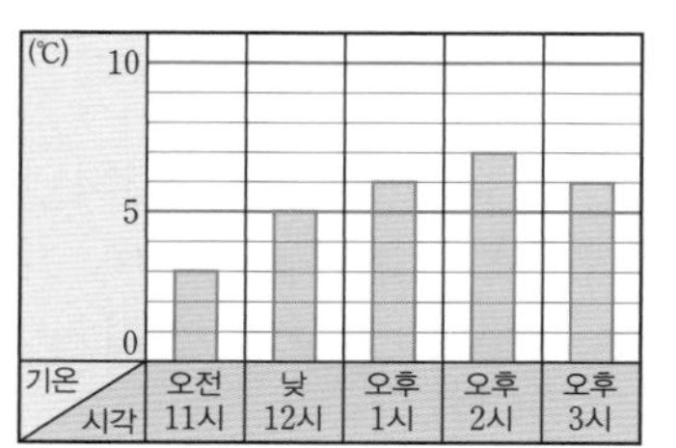

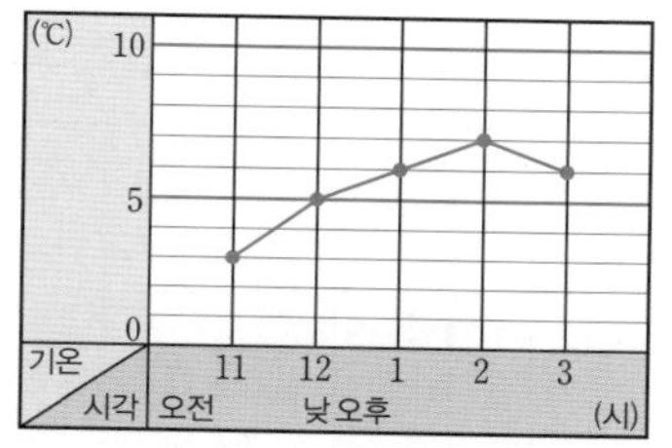

2 예 낮 12시 때의 기온은 5℃입니다.
3 예 오전 11시부터 오후 3시까지에서 기온이 가장 낮은 때는 오전 11시입니다. / 오후 3시 이후에는 기온이 더 내려갈 것 같습니다.

34ab

1 26, 27, 23, 16, 9, 3

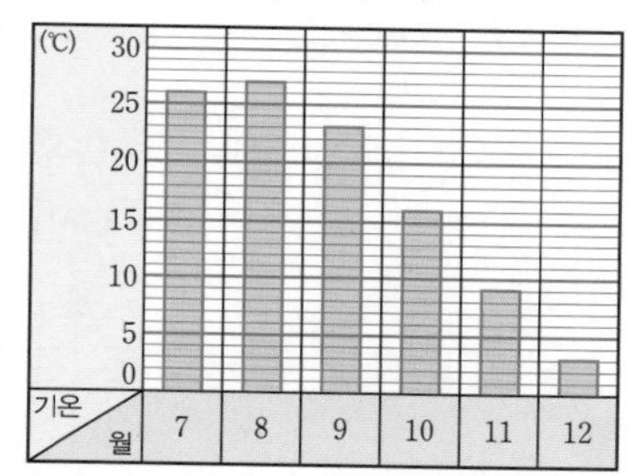

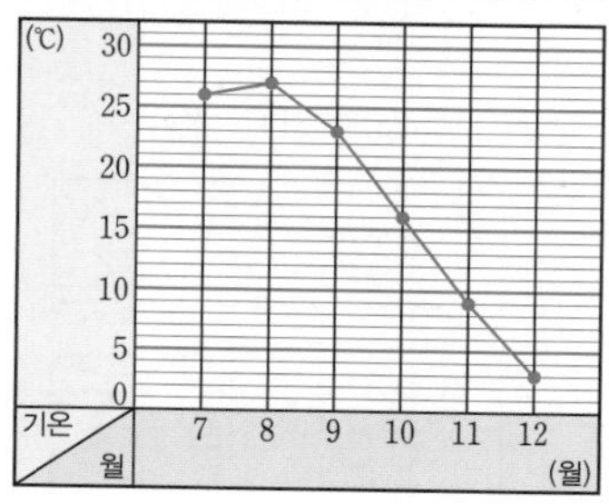

2 표
3 막대그래프
4 꺾은선그래프
5 예 월별 평균 기온을 나타내었습니다.
6 예 막대그래프는 막대로, 꺾은선그래프는 선분으로 나타내었습니다.

〈풀이〉

3 막대그래프는 항목의 크기를 한눈에 쉽게 비교할 수 있습니다.

4 꺾은선그래프는 점들을 선분으로 이어 그린 그래프이므로 기울어진 정도를 보면 기온의 변화를 한눈에 알아볼 수 있습니다.

5 가로는 월, 세로는 기온을 나타내었습니다. 눈금의 크기가 같습니다.

35ab

1 100, 10
2 200, 260, 70, 60
3 요일, 책의 수
4 ㈏ 10 ㈐ 10
5 590

〈풀이〉

5 200+260+70+60=590(권)

36ab

1 11.5, 16.9, 30.5, 10.1
2 나라별 11월 최고 기온
3 싱가포르
4 20.4
5 예 ㈏ 그래프, 여러 나라의 11월 최고 기온을 한눈에 비교할 수 있습니다.

〈풀이〉

1 ㈎ 그래프를 보면 나라별 11월 최고 기온을 정확하게 알 수 있습니다.

4 가장 높은 나라: 싱가포르(30.5℃)
가장 낮은 나라: 중국(10.1℃)
⇨ 30.5−10.1=20.4(℃)

37ab

1 금
2 목
3 화
4 목
5 예 ㈐ 그래프, 요일별 줄넘기를 한 개수의 변화를 한눈에 알 수 있습니다.

〈풀이〉

2 수요일의 기록은 8개이고, 8개의 2배는 16개입니다. 따라서 기록이 16개인 요일을 찾으면 목요일입니다.

38ab

1 4

2 6

3

민속놀이	학생 수
연날리기	
제기차기	
팽이치기	
윷놀이	

4

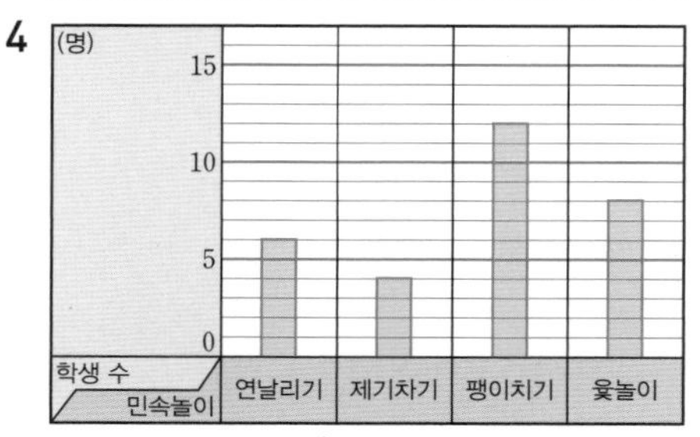

39ab

1 기탄공부방에 오는 요일별 4학년 학생 수

2 27, 19, 30, 22, 15, 113

3 113

4 ㉑

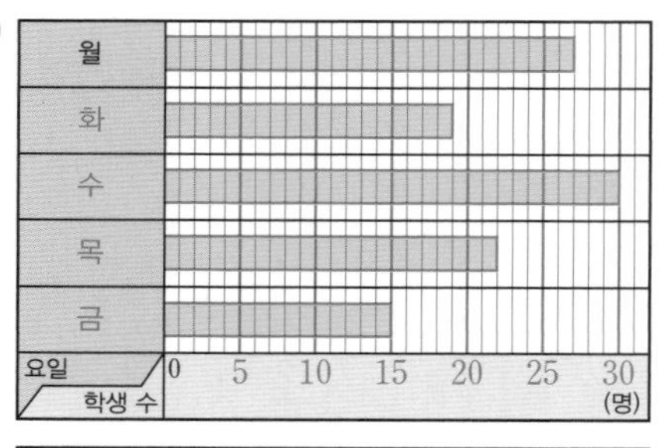

5 ㉑

(명)	월	화	수	목	금

40ab

1 ㉑

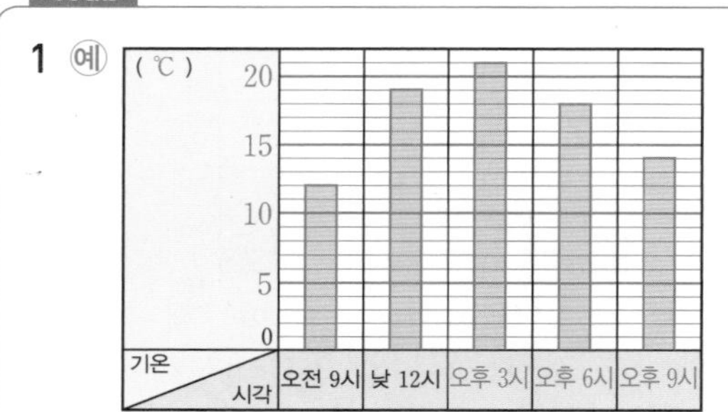

2 ㉑

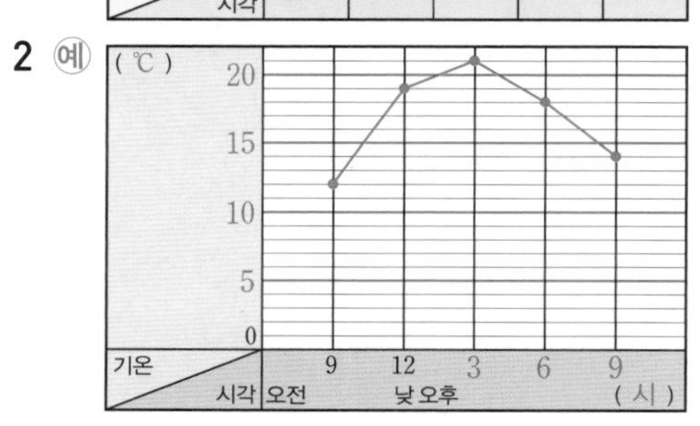

3 오후 3

4 ㉑ 20, 낮 12시 기온인 19℃와 오후 3시 기온인 21℃의 중간이 20℃이기 때문입니다.

성취도 테스트

1 월

2 2

3 1

4 ㉑ 0, 20

5

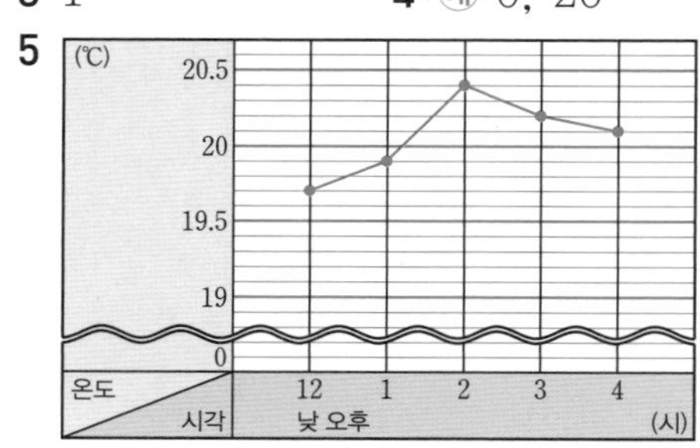

6 오후 1, 오후 2

7 ㉑ 오후 4시보다 낮을 것 같습니다.

8 43

9 36

10 샛별 마을, 은빛 마을, 초원 마을, 푸른 마을

11 130

12 5, 7

13 꺾은선그래프

14 ㉑ 145